AF565566

ÜBERALL, NUR NICHT IM BÜRO

Sabine Hockling

ÜBERALL, NUR NICHT IM BÜRO

ARBEITSRECHTLICHE CHANCEN UND GRENZEN ORTSUNABHÄNGIGER ARBEITSFORMEN

Die Ratgeber Verlag
in Zusammenarbeit mit
Wir sind der Wandel

Bibliografische Informationen der Deutschen Nationalbibliothek: Die Deutsche Nationalbibliothek verzeichnet diese Publikation in der Deutschen Nationalbibliografie; detaillierte bibliografische Daten sind im Internet über **https://portal.dnb.de/opac.htm** abrufbar.

1. Auflage 2023
ISBN: 978-3-910768-00-0 (Hardcover)
ISBN: 978-3-910768-01-7 (Paperback)
ISBN: 978-3-910768-02-4 (eBook)

Frickestraße 53, 20251 Hamburg, **www.die-ratgeber-verlag.de**

TEXT: Sabine Hockling, Wir sind der Wandel, Hamburg, **www.wirsindderwandel.de**
BUCHDESIGN: Nadine Hawle, NH CORPORATE Designstudio, Köln, **www.nh-corporate.de**
LEKTORAT: Jana Assauer, Die Bildungsbotschaft, Kürten, **www.bildungsbotschaft.de**
AUTOR:INNENFOTOS:
Sabine Hockling: Julia Krüger, JK Photography, Berlin, **www.juliakrueger.photography**
Sebastian Müller: Lotta Laabs, Buchholz in der Nordheide, **www.lottalaabs.com**
DRUCK UND VERTRIEB: BoD – Books on Demand, Norderstedt

INHALT

SABINE HOCKLING

Seit vielen Jahren ist die Wirtschaftsjournalistin mit ihrem Redaktionsbüro Die Ratgeber u. a. für den ZEIT Verlag, den Spiegel Verlag, Gruner und Jahr, RTL, den Axel Springer Verlag tätig. Ihre Themen reichen dabei von Arbeitsrecht, Digitalisierung bis zu Management und Transformation. Ihre Expertise setzt die Journalistin in wirkungsvollen, kreativen Formaten um. So entstehen Print- und Online-Magazine, Reportagen und Service-Beiträge, die in Qualität und Reichweite überzeugen. Als Autorin, Herausgeberin und Ghostwriterin veröffentlicht sie regelmäßig Fachbücher. Ihr Buch *Was Chefs nicht dürfen (und was doch)* schaffte es dabei in kürzester Zeit auf die SPIEGEL-Bestsellerliste.

Die Arbeitswelt der Zukunft zielt auf einen kulturellen, wertebezogenen Wandel in der Arbeitswelt ab. Dieser Wandel hat nicht nur längst begonnen, er wurde durch die Corona-Pandemie radikal beschleunigt. Unternehmen und Mitarbeitende haben daher jetzt die Chance, Arbeit neu zu denken. Mit *Wir sind der Wandel – eine Initiative für die neue Arbeitswelt* begleitet die Journalistin seit 2020 Unternehmen, die sich diesem Wandel stellen. Sie gibt hier Einblicke und schreibt, was ist – ungeschönt, ehrlich, authentisch. Dabei lässt sie Meinungen zu, die auch unbequem sind. Zugleich finden Leserinnen und Leser ausgewogene Analysen, interessante Hintergrundinformationen sowie neueste Nachrichten aus den Bereichen Wirtschaftspsychologie, Arbeitsrecht und Faktenwissen für Unternehmerinnen und Unternehmer, Führungskräfte, Selbstständige und Beschäftigte.

SEBASTIAN MÜLLER

Sebastian Müller ist Rechtsanwalt, Fachanwalt für Arbeitsrecht, Verbandsgeschäftsführer des *DFK – Verband für Fach- und Führungskräfte* sowie zertifizierter Business Coach. Als Experte für alle Fragen des individuellen und kollektiven Arbeitsrechts, Dienstvertragsrechts und Compliance-Rechts betreut er Fach- und Führungskräfte sowie Unternehmen in allen arbeitsrechtlichen und personalrelevanten Themen, die Zukunft der Arbeitswelt zu gestalten, die Veränderungen kreativ und zielgerichtet zu nutzen sowie deren Potenziale zu erkennen und zu heben. Dabei gelingt es dem Juristen, in schwierigen oder gar aussichtslos erscheinenden Situationen auf sicherer Rechtsgrundlage die besten, nachhaltig wirkenden Lösungen gemeinsam mit seinen Klienten zu finden – immer empathisch, auf Augenhöhe, aufmerksam, ansprechbar und krisensicher.

Mit dem *DFK* tritt er für die Interessen der Fach- und Führungskräfte ein: Als Deutschlands größter und ältester branchenübergreifender Berufsverband für Fach- und Führungskräfte vertritt der *DFK* in seinem Netzwerk rund 20 000 Mitglieder des mittleren und höheren Managements auf wirtschaftlicher und politischer Ebene. Dabei erhalten die Mitglieder eine umfassende Unterstützung auf ihrem Karriereweg u. a. durch juristische Beratung und Vertretung, vielfältige Online- und Offline-Weiterbildungsangebote, ein spannendes Netzwerk u. v. m.

Als Speaker und Referent widmet Müller sich den Themen Arbeitsrecht, Zukunft der Arbeit, Führung, New Work u. v. m. Und weil er überzeugt ist, dass jede schwierige Entscheidung, jeder Change, jeder Konflikt und jede berufliche Krise das Potenzial haben, das Beste in jedem zum Leben zu erwecken, und so der nächste Schritt umso sicherer, kraftvoller und erfolgreicher wird, begleitet er seine Klienten mit Leidenschaft ganzheitlich auf jedem Weg der Veränderung.

EINLEITUNG

DIE CORONA-PANDEMIE HAT UNSERE ARBEITSWELT ORDENTLICH DURCHEINANDER GEWIRBELT

Was vorher undenkbar schien, wurde durch die Corona-Pandemie plötzlich möglich: Viele Beschäftigte arbeiteten vom heimischen Homeoffice aus, einige zog es gar ins Ausland, um dort vom Campingplatz oder von der Ferienimmobilie aus für ihre Arbeitgeber tätig zu sein. Auch nahmen viele Unternehmen die Pandemie zum Anlass, ihre Arbeitsräume zu verändern. Sie schufen Open Space Offices innerhalb des Unternehmens oder bauten ganze Büroflächen zu Co-Working-Spaces (auch für externe Personen) um.

Diese zeitliche und räumliche Entgrenzung der „neuen" Arbeitswelt ist für das Arbeitsrecht der „alten Welt" zwar eine Herausforderung, und Anpassungen sind daher dringend erforderlich. Unternehmen können ihren Beschäftigten diese Flexibilität aber dennoch bieten. Denn die arbeitsrechtliche Umsetzung ist unkomplizierter, als es auf den ersten Blick erscheint.

Damit das zeitliche und ortsunabhängige Arbeiten für Arbeitgeber und Beschäftigte aber nicht zur arbeitsrechtlichen Falle wird, braucht es dringend verbindliche Regularien: Wer muss für die Arbeitsplatzausstattung aufkommen? Was sieht das Arbeitszeitgesetz für die verschiedenen Arbeitsformen vor? Muss der Arbeitsvertrag bei wechselnden Arbeitsorten angepasst werden? Sollten Maßnahmen befristet werden? Sind Widerrufsklauseln sinnvoll und möglich? Können Beschäftigte auch aus nicht EU-Ländern arbeiten? Was müssen Arbeitgeber bezüglich der Sicherheit gewährleisten? Wer haftet für Schäden im heimischen Homeoffice?

Und weil die Rechte und Pflichten bei den verschiedenen Arbeitsformen und -orten nicht einheitlich sind, führt das vorliegende Buch Sie rechtssicher durch die verschiedenen Arbeitsformen. Eine individuelle Rechtsberatung mag der Ratgeber dabei sicher nicht ersetzen. Er vermittelt jedoch Beschäftigten und Kleinunternehmen (die im Gegensatz zu großen Unternehmen in der Regel über keine eigene Rechtsabteilung verfügen) das nötige Wissen, um neue Arbeitsformen rechtssicher anzubieten und umzusetzen.

BESONDERER DANK GEBÜHRT SEBASTIAN MÜLLER, DER ALS FACHANWALT FÜR ARBEITSRECHT SEINE JURISTISCHE EXPERTISE IN DAS BUCH HAT MIT EINFLIESSEN LASSEN.

Sie haben Kritik und Anregungen? Schicken Sie mir gern eine E-Mail:

sabine.hockling@die-ratgeber-verlag.de

WICHTIGE BEGRIFFSKLÄRUNG UND GESETZLICHE DEFINITIONEN

Häufig werden die Begriffe Homeoffice, Heimarbeit, Telearbeit und mobile Arbeit synonym verwendet, was falsch ist – und wichtig wird bei Fragen rund um die Sicherheit und die Haftung. Unternehmen und Beschäftigte sind daher gut beraten, wenn sie bei der schriftlichen Vereinbarung über den Tätigkeitsort darauf achten, welche Bezeichnung sie in der Vereinbarung wählen.

WICHTIGES AUF EINEN BLICK

Telearbeit sollte nicht mit Heimarbeit verwechselt werden. Hier handelt es sich um zwei völlig unterschiedliche Vertragstypen. Heimarbeiter sind nicht angestellt, sondern vielmehr im Auftrag von Gewerbetreibenden tätig. Für sie gilt das Heimarbeitergesetz (HAG). Angestellte, die ganz oder teilweise aus den eigenen vier Wänden tätig sind, gelten als Telearbeiter.

WICHTIGE BEGRIFFE

TELEHEIMARBEIT = TÄTIGKEIT AUSSCHLIESSLICH VON EINEM FEST EINGERICHTETEN ARBEITSPLATZ ZUHAUSE

Mitarbeitende arbeiten dauerhaft und ausschließlich aus den eigenen vier Wänden an einem vom Arbeitgeber fest eingerichteten Arbeitsplatz.

TELEARBEIT = TÄTIGKEIT TEMPORÄR VON ZUHAUSE AUS

Beschäftigte arbeiten gelegentlich, regelmäßig oder vorübergehend aus den eigenen vier Wänden.

ALTERNIERENDE TELEARBEIT = TÄTIGKEIT AUS DEM BETRIEB UND DEN EIGENEN VIER WÄNDEN

Beschäftigte arbeiten sowohl aus den eigenen vier Wänden als auch im Unternehmen.

MOBILE TELEARBEIT = TÄTIGKEIT TEILWEISE ODER AUSSCHLIESSLICH MOBIL

Beschäftigte arbeiten teilweise oder permanent mobil. Dabei haben sie keinen festen Arbeitsplatz mehr im Unternehmen.

HYBRIDE ARBEIT = WAHLRECHT DES ARBEITSORTES

Beschäftigte können wählen, wann sie von wo aus tätig sind.

HEIMARBEIT = SELBSTSTÄNDIGE TÄTIGKEIT MEIST AUS DEN EIGENEN VIER WÄNDEN

Heimarbeiter sind nicht angestellt, sondern nach dem Heimarbeitsgesetz als Selbstständige tätig. Sie wählen ihren Arbeitsort selbst und arbeiten im Auftrag von Gewerbetreibenden erwerbsmäßig.

GESETZLICHE DEFINITIONEN

Telearbeitsplätze werden in der Arbeitsstättenverordnung (§ 2 Abs. 7 Satz 1) geregelt. Dort lautet die **Definition für Telearbeitsplätze**: „(7) Telearbeitsplätze sind vom Arbeitgeber fest eingerichtete Bildschirmarbeitsplätze im Privatbereich der Beschäftigten, für die der Arbeitgeber eine mit den Beschäftigten vereinbarte wöchentliche Arbeitszeit und die Dauer der Einrichtung festgelegt hat. Ein Telearbeitsplatz ist vom Arbeitgeber erst dann eingerichtet, wenn Arbeitgeber und Beschäftigte die Bedingungen der Telearbeit arbeitsvertraglich oder im Rahmen einer Vereinbarung festgelegt haben und die benötigte Ausstattung des Telearbeitsplatzes mit Mobiliar, Arbeitsmitteln einschließlich der Kommunikationseinrichtungen durch den Arbeitgeber oder eine von ihm beauftragte Person im Privatbereich des Beschäftigten bereitgestellt und installiert ist."

Für die mobile Arbeit existiert zwar noch keine bindende rechtliche Definition. Das Bundesministerium für Arbeit und Soziales (BMAS) aber sprach in 2.2 der inzwischen aufgehobenen SARS-CoV-2-Arbeitsschutzregel von „mobilem Arbeiten". Folgende Definition könnte daher Grundlage für eine zukünftige rechtliche **Definition für mobile Arbeit** sein: „Mobiles Arbeiten ist eine Arbeitsform, die nicht in einer Arbeitsstätte gemäß § 2 Absatz 1 Arbeitsstättenverordnung (ArbStättV) oder an einem fest eingerichteten Telearbeitsplatz gemäß § 2 Absatz 7 ArbStättV im Privatbereich des Beschäftigten ausgeübt wird, sondern bei dem die Beschäftigten an beliebigen anderen Orten (zum Beispiel beim Kunden, in Verkehrsmitteln, in einer Wohnung) tätig werden." Weiter konkretisierend heißt es dann in Abs. 3: „Homeoffice ist eine Form des mobilen Arbeitens. Sie ermöglicht es Beschäftigten, nach vorheriger Abstimmung mit dem Arbeitgeber zeitweilig im Privatbereich, zum Beispiel unter Nutzung tragbarer IT-Systeme (zum Beispiel Notebooks) oder Datenträger, für den Arbeitgeber tätig zu sein."

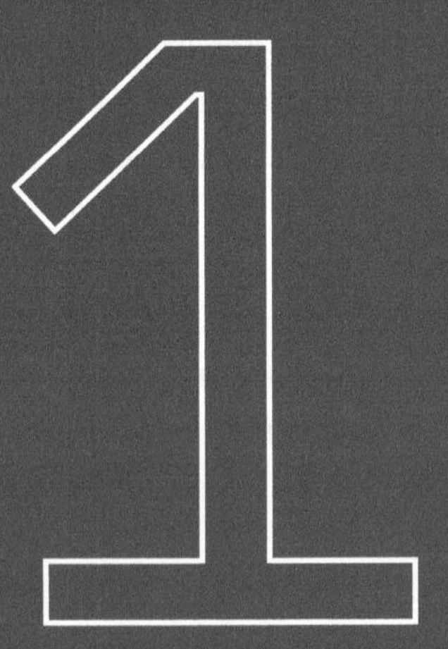

HOMEOFFICE IM INLAND

DEFINITION ARBEITSORT

WICHTIGES AUF EINEN BLICK

Für die Tätigkeit aus den eigenen vier Wänden verwenden viele die Bezeichnung „Homeoffice". Das aber ist aus arbeitsrechtlicher Perspektive missverständlich, denn der Begriff ist nicht im Gesetz definiert. Und weil er umgangssprachlich geprägt ist, versteht letztlich jeder etwas anderes darunter (→ *Wichtige Begriffsklärung, Seite 21*). Rechtlich sicher ist der Begriff Telearbeitsplatz, da dieser im Gesetz – genauer in der Arbeitsstättenverordnung – verankert ist.

Arbeiten Beschäftigte in ihren eigenen vier Wänden, können sie das dauerhaft und ausschließlich tun (**Teleheimarbeit**). Sie können das gelegentlich, regelmäßig oder vorübergehend tun (**Telearbeit**). Oder sie wechseln zwischen den eigenen vier Wänden und dem Unternehmen (**alternierende Telearbeit**).

ARBEITSPLATZ UND ARBEITSPLATZAUSSTATTUNG: WER ZAHLT WOFÜR?

WICHTIGES AUF EINEN BLICK

Telearbeitsplätze befinden sich zwar in der privaten Umgebung der Beschäftigten, dennoch müssen Arbeitgeber die Arbeitsplätze einrichten, die Kosten dafür übernehmen sowie die Einhaltung der gesetzlichen Bestimmungen überprüfen.

Ob Betriebs- oder Telearbeitsplatz, Arbeitgeber sind für die Einrichtung der Arbeitsplätze **zuständig und verantwortlich**. Das heißt, der Telearbeitsplatz (in den vier Wänden der Beschäftigten) muss den **Arbeitsschutzvorschriften** entsprechen, um gesundheitliche Beeinträchtigungen und Arbeitsunfälle zu verhindern. Dabei müssen Arbeitgeber sich an die Vorgaben zur Gestaltung für **Bildschirmarbeitsplätze** halten sowie die Einhaltung dieser überprüfen.

Dabei kann die **Überprüfung von Arbeitsplätzen** in den privaten Räumen von Beschäftigten problematisch sein, da das Grundgesetz (GG) die **Unverletzlichkeit der Wohnung** (Art. 13) garantiert. Das heißt, Dritte haben kein begründetes Zugangsrecht. Damit eine **Gefährdungsbeurteilung** und eine **Unterweisung** (z. B. die korrekte Platzierung von Monitoren, die richtige Einstellung von Schreibtischstühlen etc.) in den privaten Räumen dennoch erfolgen können, kann die arbeitsmedizinische und arbeitssicherheitstechnische Unterweisung – die für beide (!) Seiten wichtig ist – auch **digital** erfolgen (→ *Arbeitsplatzsicherheit durch Gefährdungsbeurteilung und Unterweisung, Seite 51*).

DER RECHTSANWALT RÄT:

Wer vorsätzlich oder fahrlässig eine **Gefährdungsbeurteilung** nicht richtig, nicht vollständig oder nicht rechtzeitig dokumentiert bzw. nicht sicherstellt, dass die Beschäftigten vor Aufnahme ihrer Tätigkeit unterwiesen werden, handelt ordnungswidrig und es drohen **Sanktionen** (§ 9 ArbStättV). Was nicht trivial ist, denn bei einer Handlung, die das Leben oder die Gesundheit von Beschäftigten gefährdet, liegt eine **Strafbarkeit** vor.

Wichtig ist hier, dass diese Pflicht **keine Einbahnstraße** ist. Das heißt, Beschäftigte müssen diesen Pflichten ebenfalls nachkommen. Dazu gehört, dass sie die für eine Gefährdungsbeurteilung relevanten Informationen zur Verfügung stellen (§§ 15 Abs. 1 S. 1, 16 Abs. 2 S. 1 ArbSchG). Gewähren sie ihrem Arbeitgeber den Zutritt zu ihren eigenen vier Wänden nicht, und ist so die Überprüfung des Arbeitsplatzes nicht möglich, können Arbeitgeber das nur **gerichtlich klären** lassen. Und weil der Beschäftigte hier gegen seine vertragliche Nebenpflicht verstößt, riskiert er Personalmaßnahmen des Arbeitgebers.

Arbeitgeber haben im Rahmen des **Zumutbaren** einen Anspruch darauf, die häusliche Arbeitsstätte des Beschäftigten zu betreten. Wie sonst können sie sich von der vertragsgemäßen Eignung und dem Zustand der Arbeitsstätte einschließlich der Arbeitsmittel überzeugen und so ihren **arbeitsschutzrechtlichen Verpflichtungen** nachkommen? Das Austarieren des Rechts auf Zutritt, mit dem auf Privatsphäre und der Unverletzlichkeit der Wohnung, erfolgt idealerweise durch die vertragliche Vereinbarung, die beide Parteien vor Aufnahme der Telearbeit schließen.

Einigt sich ein Arbeitgeber hier nicht mit seinem Beschäftigten, kann er auf die Telearbeit verzichten. Muss diese aufgrund einer Pandemie o. ä. dennoch aufgenommen werden, bleibt als letztes Mittel eine **Gefährdungsbeurteilung aus der Ferne** – mit Fotos, die die Aussagen des Beschäftigten belegen (→ *Arbeitsplatzsicherheit durch Gefährdungsbeurteilung und Unterweisung, Seite 51*).

MOBILIAR UND BELEUCHTUNG

Arbeiten Beschäftigte vom Telearbeitsplatz aus, müssen Arbeitgeber ihnen für diese Tätigkeit das notwendige Mobiliar und die Beleuchtung bereitstellen. Dabei haben sie dafür zu sorgen, dass die **Arbeitsplätze sicher gestaltet** sind:

- Der **Arbeitsraum** bzw. die Fläche für den Arbeitsplatz muss mindestens 8 bis 10 m² groß sein.
- Der **Schreibtisch** muss mindestens über eine Arbeitsfläche von 160 cm x 80 cm verfügen.
- Die **Schreibtischhöhe** sollte mindestens 74 (± 2) cm betragen und vollständig höhenverstellbar sein.
- Der **Schreibtischstuhl** muss über eine neigbare und höhenverstellbare Rückenlehne verfügen.
- Der **Bildschirm** sollte so platziert sein, dass sich die Oberkante auf Höhe der Augen befindet. Ferner sollte ein ausreichender Abstand (von 45 bis 80 cm) zwischen Augen und Bildschirm eingehalten werden.
- **Schreibtisch und -stuhl** sollten an die Körpergröße des Beschäftigten angepasst sein, um eine ungesunde Körperhaltung zu vermeiden.
- Die **Beleuchtung** muss ausreichend (Beleuchtungsstärke von 500 Lux bis 750 Lux), die Arbeit an Sonnentagen blendfrei möglich sein. Wenn notwendig, muss ein Sonnenschutz vorhanden sein. Bildschirm und Schreibtisch sollten grundsätzlich seitlich zum Fenster platziert werden, um Spiegelungen und Blendungen zu vermeiden.

DER RECHTSANWALT RÄT:

Wer sich für die Tätigkeit vom Telearbeitsplatz entscheidet, muss diese gesetzlichen Anforderungen auch einhalten. Wer das nicht kann oder will, muss eine andere Arbeitsform wählen. Eine Alternative ist ein mobiler Arbeitsplatz, wo die gesetzlichen Anforderungen niedriger sind (→ *Mobile Arbeit Inland, Seite 57*).

HARD- UND SOFTWARE

Laut § 2 der ArbStättV müssen Arbeitgeber ihren von zu Hause aus tätigen Mitarbeitenden alle notwendigen Arbeitsgeräte und -utensilien sowie Kommunikationsmittel für den Telearbeitsplatz zur Verfügung stellen. Dazu gehören in der Regel Smartphone, PC oder Laptop mit entsprechendem Zubehör wie z. B. Tastatur, Maus, Drucker und Software – letzteres muss die Sicherheitsanforderungen erfüllen (→ *Datenschutz und Datensicherheit, Seite 53*).

KOSTEN FÜR ARBEITSPLATZAUSSTATTUNG

Ob Büromöbel, Geräte, Arbeitsmaterial, Strom- und Heizkosten oder Telefon- und Internetkosten, für alle Aufwendungen der Telearbeitsplätze sind Arbeitgeber zuständig. Die für die Tätigkeit **notwendige Arbeitsplatzausstattung** können sie durch die Gefährdungsbeurteilung bestimmen (→ *Arbeitsplatzsicherheit durch Gefährdungsbeurteilung und Unterweisung, Seite 51*).

Die **verpflichtende Kostenübernahme** durch den Arbeitgeber gilt allerdings nur beim Telearbeitsplatz, da für diesen durch § 2 Abs. 7 ArbStättV eine gesetzliche Grundlage existiert. Wer mit seinem Arbeitgeber keine Vereinbarung oder eine über einen mobilen Arbeitsplatz trifft, kann nicht auf die Kostenübernahme durch den Arbeitgeber pochen, da eine gesetzliche Grundlage fehlt.

Bevor die Arbeit aus den eigenen vier Wänden beginnt, sollten Arbeitgeber und Beschäftigte den beruflich verursachten Anteil der Strom- und Heizkosten sowie der Telefon- und Internetkosten **schriftlich** festhalten. Weil vor allem aber die Internet- und Telefonkosten mittlerweile meist als Flatrate abgerechnet werden, bietet sich eine **monatliche Kostenpauschale** an, die alle laufenden Kosten abdeckt (z. B. 50 Euro monatlich).

SO MACHEN ES DIE UNTERNEHMEN:

ING DEUTSCHLAND

Für die Einrichtung des Homeoffices erhalten die Beschäftigten von ING Deutschland 1.500 Euro steuer- und sozialabgabenfrei. Damit die Ausstattung stets auf dem aktuellen Stand ist, zahlt das Unternehmen zudem jedem Mitarbeitenden alle fünf Jahre weitere 1.000 Euro.

DEUTSCHE BANK AG

Die Deutsche Bank AG hat eine Homeoffice-Regelung, die vorsieht, dass alle Beschäftigten bis zu 40 Prozent ihrer Arbeitszeit im Homeoffice verbringen dürfen, was in etwa ein bis zwei Tage pro Woche entspricht. Sind die nächsthöheren Vorgesetzten einverstanden, können Mitarbeitende auch bis zu drei Tage wöchentlich von zu Hause aus tätig sein. Dafür erhalten die Beschäftigten alle fünf Jahre eine Aufwandspauschale von 1.000 Euro brutto. Ferner stellt die Bank ihren Beschäftigten eine Grundausstattung aus Laptop, Maus, Headset zur Verfügung.

HAFTUNG BEI SCHÄDEN

Laut **Bürgerlichem Gesetzbuches** (BGB) müssen Beschäftigte haften, wenn sie einen Schaden verursachen. Das heißt, sie müssen Schadenersatz leisten, wenn sie vorsätzlich oder grob fahrlässig (also **schuldhaft**) ihre **arbeitsvertraglichen Pflichten verletzt** haben und hierdurch ein Schaden entstanden ist. Dabei bedeutet fahrlässig zu handeln, nicht so zu agieren, wie es von einem „normalen" Beschäftigten verlangt werden kann.

Das **Bundesarbeitsgericht** (BAG) schränkt die Haftung für Beschäftigte für alle Tätigkeiten, die durch den Betrieb veranlasst sind, jedoch auf **Vorsatz** und in aller Regel auf **grobe Fahrlässigkeit** ein. Das heißt, bei leichter Fahrlässigkeit soll der Beschäftigte eben nicht haften. Bei normaler Fahrlässigkeit ist der Schaden in der Regel unter Berücksichtigung aller Umstände anteilig von Mitarbeitenden und Arbeitgeber zu tragen. Erst bei grober Fahrlässigkeit und Vorsatz trägt der Beschäftigte die Hauptlast, unter Umständen sogar den gesamten Schaden.

Ausschlaggebend für den Haftungsanteil eines Beschäftigten ist:

- der Grad des vorwerfbaren Verschuldens,
- die Gefahrgeneigtheit der Arbeit (eine Tätigkeit, bei der auch dem sorgfältigen Beschäftigten gelegentlich Fehler unterlaufen können),
- die Höhe des Schadens,
- das vom Arbeitgeber einkalkulierte oder durch eine Versicherung deckbare Risiko,
- die Höhe des Arbeitsentgelts.

DER RECHTSANWALT RÄT:

Arbeitgeber sollten eine Regelung bezüglich der Haftung für die im Haushalt des Beschäftigten lebenden Personen sowie Dritte treffen. Eine Möglichkeit ist zum Beispiel eine spezielle Haftpflichtversicherung, die mögliche Schäden am Firmeneigentum abdeckt.

Im Streitfall ziehen Arbeitsgerichte mitunter auch die **persönlichen Umstände** des Beschäftigten wie zum Beispiel die Dauer seiner Betriebszugehörigkeit, sein Lebensalter, seine Familienverhältnisse heran. Ferner sind Arbeitgeber aufgrund ihrer **Fürsorgepflicht** verpflichtet, bei gefährlichen Tätigkeiten das finanzielle Risiko durch den Abschluss einer entsprechenden **Versicherung** zu begrenzen.

Bei Telearbeitsplätzen besteht ein gesteigertes Risiko für einen **Schaden durch Dritte** (z. B. Familie und Freunde). Steht der von Dritten verursachte Schaden in Zusammenhang mit der Telearbeit, sollte im Vorfeld eine Haftungsbegrenzung zugunsten von Familienmitgliedern bzw. Mitbewohnern vertraglich geregelt werden (z. B. durch eine individuelle haftungsrechtliche Vereinbarung). Schwieriger wird das bei Besuchern. Hier sollten Beschäftigte dafür sorgen, dass der Besuch nicht nah genug an Geräte und Materialien gelangen kann.

Nimmt das vom Arbeitgeber zur Verfügung gestellte technische Equipment einen Schaden (z. B. durch Brand), gilt die deliktische Haftung – auch Verschuldenshaftung bzw. Unrechtshaftung genannt (§§ 823 bis 853 BGB). Das heißt, Arbeitgeber sind zu Schadenersatz und/oder Schmerzensgeld verpflichtet.

ARBEITSZEIT: WAS SIEHT DAS GESETZ VOR?

WICHTIGES AUF EINEN BLICK

Wer von zu Hause aus arbeitet, muss sich an das Arbeitszeitgesetz (ArbZG) halten. Das heißt, die Regelungen zu Höchstarbeitszeit, Ruhepausen und -zeiten sowie das Verbot von Sonn- und Feiertagsarbeit müssen eingehalten werden. Die Verantwortung dafür tragen Arbeitgeber.

ARBEITSZEITGESETZ

Egal, von wo aus Beschäftigte tätig sind, sie müssen sich an die Höchstgrenzen der täglichen Arbeitszeit halten sowie die Mindestdauer für **Ruhezeiten** und **Pausen** beachten. Auch gilt (bis auf Ausnahmen), dass Sonn- und Feiertage als **Arbeitsruhe** zu schützen sind. Deshalb sollten Mitarbeitende in der Regel auf das Checken von E-Mails sowie auf Telefonate in den späten Abendstunden verzichten. Das unterbricht die Ruhezeiten, die eingehalten werden müssen – und aus Erholungsgründen auch sollten! Und wenn nicht notwendig, sollten Beschäftigte auch nicht nach 22 Uhr oder nachts arbeiten.

Erlaubt sind laut Arbeitszeitgesetz:

- Eine Höchstarbeitszeit von 8 Stunden werktäglich, also von Montag bis Samstag. Die Arbeitszeit kann um 2 weitere Stunden verlängert werden, wenn der Durchschnitt von 8 Stunden pro Werktag innerhalb von 6 Kalendermonaten oder innerhalb von 24 Wochen nicht überschritten wird. ***Im Klartext:*** Wer in Ausnahmefällen 10 Arbeitsstunden pro Tag tätig ist, muss den zeitlichen Ausgleich innerhalb von sechs Monaten erhalten. Denn insgesamt darf die Arbeitszeit innerhalb von sechs Monaten nicht mehr als 1 152 Arbeitsstunden betragen.
- Laut § 5 Abs. 1 ArbZG muss zwischen Arbeitsende und erneuter Arbeitsaufnahme eine Ruhezeit von 11 zusammenhängenden Stunden liegen. ***Ausnahmen*** gelten für Versorgungsbetriebe wie Krankenhäuser, Pflegeeinrichtungen, Restaurants, Tankstellen usw. sowie bei Gefahr.
- Sonn- und gesetzliche Feiertage sind arbeitsfrei. ***Ausnahmen*** gelten für Versorgungsbetriebe und bei Gefahr.
- Für Minderjährige, werdende Mütter, Auszubildende und schwerbehinderte Beschäftigte gelten besondere Regelungen.
- Bei Mitarbeitenden mit Mindestlohn dürfen Überstunden nicht mehr als die Hälfte der vereinbarten Regelarbeitszeit umfassen.

Die **Verantwortung** für das Einhalten des ArbZG haben Arbeitgeber. Aber auch Beschäftigten sollte daran gelegen sein, die gesetzlichen Regelungen einzuhalten. Um das gewährleisten zu können, sind **klare Absprachen** sowie die **Erfassung von Arbeitszeiten** sinnvoll. Letzteres ist seit einem Urteil des Europäischen Gerichtshofs (EuGH) aus dem Jahr 2019 verpflichtend auch für Unternehmen in Deutschland. So hat der EuGH zur Erfassung von Arbeitszeiten entschieden, dass Unternehmen grundsätzlich ein objektives, verlässliches und zugängliches System einführen müssen, mit dem Beschäftigte ihre täglich geleistete Arbeitszeit dokumentieren können – egal, von wo aus sie ihre Arbeit erledigen! Viele Unternehmen warteten hier auf eine konkrete **Umsetzung durch den deutschen Gesetzgeber**.

Nun ist das Bundesarbeitsgericht (BAG) mit einem Urteil (Aktenzeichen: 1 ABR 22/21) am 13. September 2022 dem zuvorgekommen. Wie gefährlich es sein kann, hier geltendes Recht zu ignorieren, zeigt ein Urteil des Arbeitsgericht Emden (2 Ca 94/19) vom 20. Februar 2020. Hier nämlich setzten die Richter für einen Fall aus Deutschland die EuGH-Entscheidung bereits um.

DER RECHTSANWALT RÄT:

Arbeitgeber müssen auf die **Einhaltung** der arbeitszeitgesetzlichen Vorgaben **drängen**! Mir sind Unternehmen bekannt, die sogar Abmahnungen aussprechen, wenn das nicht passiert – allein, um belegen zu können, dass sie ihren Pflichten nachkommen.

Allerdings ist das Arbeitszeitgesetz das **meistverletzte Gesetz** in Deutschland. Jeden Tag wird tausendfach dagegen verstoßen. Da gilt oft das Motto: Wo kein Kläger, da kein Richter. Oft noch mit der (mehr oder minder deutlich ausgesprochenen) Ansage, Überstunden nicht zu dokumentieren. Das war bisher schon unzulässig. Zukünftig wird es damit wohl vorbei sein: Denn durch die neue **EuGH- und BAG-Rechtsprechung** muss die Arbeitszeit nun erfasst werden. Arbeitgeber werden sich – gerade bei einer vereinbarten Vertrauensarbeitszeit – nun nicht mehr hinter ihrer **angeblichen Unwissenheit** verstecken können. Durch die klar bestehende Aufzeichnungspflicht haben sie stets einen Überblick über die aufgelaufenen Stunden. Dementsprechend müssen sie kontrollieren und **gegensteuern**, wenn hier Höchstgrenzen überschritten werden.

ZEITERFASSUNG

Beim Thema Zeiterfassung scheiden sich die Geister: Kritiker befürchten dadurch einen administrativen Mehraufwand, vor allem aber eine Einschränkung der flexiblen Arbeitsformen, ohne die eine Arbeitswelt mit Remote Work, Homeoffice, mobiler Arbeit usw. nicht möglich ist.

Dabei ist das Erfassen von Arbeitszeiten positiv und sollte von Beschäftigten nicht als Überwachung, sondern vielmehr als **Dokumentation** gesehen werden. Denn Arbeitgeber erhalten so eine Übersicht über die geleisteten Arbeitsstunden – eben auch über die regelmäßigen Überstunden. Und genau diese **Transparenz** erschwert es Arbeitgebern, etwaige **Überstunden** konsequent zu ignorieren. Wird dafür ein objektives und zuverlässiges System eingesetzt, muss die Zeiterfassung auch nicht zum bürokratischen Monster werden. Auch muss ein solches System nicht zwangsläufig eine Hürde bei flexiblen Arbeitsformen darstellen – vor allem nicht, wenn hier auf **digitale Tools** gesetzt wird.

SO ENTSCHEIDEN DIE GERICHTE:

Das Bundesarbeitsgericht (BAG) hat mit seinem Urteil zur Arbeitszeiterfassung (Urteil vom 13.09.2022, Az. 1 ABR 22/21) vorgegeben: Arbeitgeber müssen die Arbeitszeiten aller Beschäftigten transparent und nachprüfbar aufzeichnen. Das heißt, sie müssen künftig ein objektives, verlässliches und zugängliches System einführen, mit dem die von den Beschäftigten geleistete tägliche Arbeitszeit gemessen werden kann. Das Gericht bezieht sich dabei auf ein Urteil zur Arbeitszeiterfassung des Europäischen Gerichtshofes (EuGH) aus dem Jahr 2019.

INDIVIDUELLE ARBEITSZEITMODELLE

Wünschen sich Beschäftigte, die von zu Hause aus tätig sind, eine gewisse Flexibilität bezüglich ihrer Arbeitszeit, können sie die individuell mit ihrem Arbeitgeber vereinbaren. Ein gängiges Modell dafür ist die **Gleitzeit**: Beschäftigte teilen sich ihre Arbeitszeit innerhalb eines vorab definierten Zeitfensters selbst ein. Die Gleitzeit ist im Grunde das Gegenteil von einem starren 9-to-5-Job. Meist vereinbaren Arbeitgeber und Mitarbeitende eine Kernarbeitszeit, in der eine Erreichbarkeitspflicht existiert. Der Anfang und das Ende der Arbeitszeit aber werden von Beschäftigten selbst festgelegt.

Eine weitere Möglichkeit ist die **Vertrauensarbeitszeit**: Beschäftigte erledigen die vereinbarten Aufgaben, ohne dass die zeitliche Präsenz im Vordergrund steht. Da Arbeitszeiten bisher nicht kontrolliert wurden, war die Vertrauensarbeitszeit das Gegenteil von der Stechuhr. Seit den Urteilen des EuGH und des BAG kann die Vertrauensarbeitszeit zwar noch umgesetzt werden. Jetzt aber müssen Arbeitgeber ihrer Verpflichtung zum Arbeitsschutz nachkommen und beim Überschreiten von Höchstarbeitszeiten und dem Nichteinhalten von Ruhezeiten tätig werden.

Für was sich Beschäftigte und Arbeitgeber auch entscheiden, die Änderung von Umfang und Verteilung der Arbeitszeit muss und sollte schriftlich erfolgen. Entweder wird dafür der Arbeitsvertrag ergänzt oder eine Betriebsvereinbarung aufgesetzt (→ *Arbeitsvertrag: Worauf ist zu achten?, Seite 39*).

ARBEITSVERTRAG: WORAUF IST ZU ACHTEN?

WICHTIGES AUF EINEN BLICK

Telearbeitsplätze gelten erst als eingerichtet, wenn die Bedingungen zwischen Arbeitgeber und Beschäftigten vertraglich geregelt wurden. Die Zusatzvereinbarung zum Arbeitsvertrag, die Betriebsvereinbarung bzw. der gesonderte Telearbeitsvertrag sollten dabei die wichtigsten Aspekte aufführen.

ARBEITSVERTRAG, ZUSATZVEREINBARUNG ODER BETRIEBSVEREINBARUNG?

Telearbeitsplätze erfordern eine klare **Abstimmung** zwischen Arbeitgebern und Beschäftigten. Daher müssen die Bedingungen generell **vertraglich festgehalten** werden. Das kann entweder über eine Zusatzvereinbarung zum Arbeitsvertrag erfolgen, per Betriebsvereinbarung festgehalten oder mit einem gesonderten Telearbeitsvertrag geregelt werden.

DER RECHTSANWALT RÄT:

Möchte ein Arbeitgeber seine Beschäftigten (bei bestehenden Arbeitsverträgen, die einen Einsatz im Unternehmen vorsehen) **auf Telearbeitsplätzen beschäftigen**, geht das – außerhalb z. B. von Pandemiezeiten – nur mit **Zustimmung** der Beschäftigten. Aus Arbeitgebersicht ist es daher ratsam, wenn sie generell mit ihren Beschäftigten eine Vereinbarung treffen, unter welchen Bedingungen das erfolgen kann.

Schriftlich festgehalten werden sollte:

- wie der Telearbeitsplatz ausgestattet ist (Mobiliar, Beleuchtung, Hard- und Software, Tools usw.)
- wie Arbeitsmittel verwahrt werden müssen, wenn sie nicht in Gebrauch sind
- wie die Kosten erfasst werden und wer welche trägt
- ob eine private Nutzung des Telearbeitsplatzes erlaubt ist
- ob eine Nutzung der Arbeitsmittel auch außerhalb der eigenen vier Wände erlaubt ist
- wie das Zutrittsrecht des Arbeitgebers geregelt ist
- wie die Haftung geregelt ist
- wer das Gehaltsrisiko trägt
- wie die Arbeitszeit dokumentiert wird und ob es Erreichbarkeits- und Arbeitszeiten gibt
- an wie vielen Tagen der Woche von zu Hause aus gearbeitet wird, wenn Beschäftigte zwischen Büro und zu Hause wählen können
- ob Bearbeitungsfristen für konkrete Aufgaben existieren
- wie der Datenschutz und die Datensicherheit gewährleistet werden
- wie die Rückkehrregelungen (bei z. B. technischen Störungen o. ä.) gestaltet sind

GEHALTSRISIKO

Eine weitere Besonderheit bei der Telearbeit ist das **Gehaltsrisiko**. Ist die Arbeit am Telearbeitsplatz beispielsweise aufgrund technischer Defekte oder Netz-Störungen nicht möglich, kann der Beschäftigte seine Arbeitsleistung nicht erfüllen. Im Betrieb liegt das **Betriebsrisiko** aufgrund technischer Defekte und Störungen – oder sonstiger von Beschäftigten nicht zu vertretener Gründe – beim Arbeitgeber (§ 615 Satz 3 BGB).

Für Telearbeitsplätze aber ist das (noch) **nicht gesetzlich geregelt**. Deshalb sollten die Konsequenzen für den Fall, dass die Arbeit längerfristig oder sogar dauerhaft nicht erledigt werden kann, ebenfalls schriftlich festgehalten werden. Dabei sollte diese Vereinbarung auch beinhalten, ob und ab wann der Arbeitgeber in solchen Fällen die **Rückkehr** in den Betrieb verlangen kann.

DER RECHTSANWALT RÄT:

Grundsätzlich gilt: Wurden im Arbeitsvertrag keine abweichenden Vereinbarungen getroffen, tragen Arbeitgeber das Gehalts- und Betriebsrisiko. Und weil sie bei Telearbeitsplätzen alle Arbeitsmittel zur Verfügung stellen und dafür sorgen müssen, dass diese funktionieren, gilt das auch hier.

Beschäftigte müssen ihrerseits versuchen, technische Probleme ggf. in Absprache und mit Anleitung der IT-Abteilung selbst zu lösen. Denn sie sind ebenfalls verpflichtet, ihre Arbeitsfähigkeit wieder herzustellen und alles dafür zu tun, dass sie ihre Arbeit fortsetzen können. →

Ob und wann ein Beschäftigter zurück ins Büro muss, hängt von den Umständen des Einzelfalls ab. Wenn das für die Wiederherstellung seiner Arbeitsfähigkeit notwendig ist, wird er zurück ins Büro müssen.

Möchte ein Beschäftigter generell von einem ausschließlichen Telearbeitsplatz **zurück ins Unternehmen** wechseln und hat er sich die **Rückkehrmöglichkeit** nicht vertraglich zusichern lassen, hat er schlechte Karten. Denn einen Anspruch darauf hat er nicht.

SOZIALVERSICHERUNG

Für die Sozialversicherung ist nicht der Ort entscheidend, an dem die Arbeit tatsächlich erledigt wird, sondern vielmehr, ob der Mitarbeitende in die **Arbeitsorganisation** des Unternehmens eingegliedert ist und ob er die **Weisungen** des Arbeitgebers befolgen muss. Daher sind Telearbeitsplätze Arbeitsplätze, die **ausgelagert** sind. Und weil die Mitarbeitenden in einem abhängigen Beschäftigungsverhältnis tätig sind (und eben nicht in einer selbstständigen Tätigkeit), müssen Arbeitgeber auch alle beitrags- und melderechtlichen Verpflichtungen wie beispielsweise die Sozialversicherung einhalten.

Wichtig: Anders sieht die Situation aus, wenn Beschäftigte aus dem Ausland (z. B. Ferienwohnung oder mobil aus einem Van, Wohnwagen o. ä.) tätig sind (→ *Kapitel 3 und 4*).

MITWIRKUNGS- UND MITBESTIMMUNGSRECHTE DES BETRIEBSRATES

Generell sorgen Betriebsräte in Unternehmen für die **Einhaltung der Rechte** von Beschäftigten. Das **Betriebsverfassungsgesetz** dient dabei als Grundlage, denn es regelt die Mitbestimmungsrechte von Betriebsräten in Unternehmen. Das heißt, Betriebsräte haben die Aufgabe, mögliche **Konflikte** zwischen Arbeitgebern und Mitarbeitenden zu lösen. Deshalb **überwachen** sie, dass Arbeitgeber geltende Gesetze, Verordnungen, Vorschriften, Verträge und Betriebsvereinbarungen auch einhalten.

Die Mitbestimmung umfasst dabei **Informations-, Anhörungs- und Beratungsrechte**. In bestimmten Fragen – insbesondere bei personellen Angelegenheiten – hat der Betriebsrat **Zustimmungs- und Vetorechte**. In sozialen Angelegenheiten hat er gar **erzwingbare Mitbestimmungsrechte**. Das heißt, der Arbeitgeber darf hier nicht ohne Zustimmung seines Betriebsrates tätig werden.

Werden **Telearbeitsplätze** eingerichtet, hat der Betriebsrat auch dabei **Mitwirkungs- und Mitbestimmungsrechte** – aber nur, wenn es eine Maßnahme für alle Beschäftigte ist. Vereinbart ein Arbeitgeber hingegen mit einem einzelnen Mitarbeitenden die Arbeit von zu Hause aus, hat der Betriebsrat diese Rechte nicht.

Mitwirkungsrechte des Betriebsrats bei der Einrichtung von Telearbeitsplätzen:

- Unternehmen müssen Betriebsräte bereits über die **Planung** von Telearbeitsplätzen informieren. Das heißt, Betriebsräte müssen **rechtzeitig** alle erforderlichen Unterlagen erhalten. Denn nur so können sie ihre Bedenken äußern und Verbesserungsvorschläge machen – das Betriebsverfassungsgesetz berechtigt sie dazu. Schließlich ist es ihre Aufgabe, darüber zu wachen, dass Unternehmen die gesetzlichen Bestimmungen auch einhalten. Bei Telearbeitsplätzen geht es vor allem um den **Gesundheitsschutz** der Beschäftigten (→ *Arbeitsplatzsicherheit durch Gefährdungsbeurteilung und Unterweisung, Seite 51*).
- Ist im Arbeitsvertrag die Arbeit von zu Hause aus nicht ausdrücklich vorgesehen, können Beschäftigte nicht gegen ihren Willen nach Hause „versetzt" werden. Von einer Versetzung ist auszugehen, wenn diese Maßnahme voraussichtlich länger als einen Monat andauert. Oder wenn sie mit einer erheblichen Änderung der Arbeitsumstände verbunden ist.

Sollen während einer Pandemie Telearbeitsplätze eingerichtet werden und hat der Gesetzgeber eine entsprechende Verordnung erlassen, können Mitarbeitende die Arbeit aus dem Homeoffice nicht verweigern. Tun sie es dennoch, können Arbeitgeber die Gehaltszahlung einstellen. Im schlimmsten Fall drohen aufgrund der Arbeitsverweigerung eine Abmahnung oder gar die Kündigung.

DER RECHTSANWALT RÄT:

Wenn eine Einrichtung von Telearbeitsplätzen geplant ist, müssen Arbeitgeber die Beteiligungsrechte ihres Betriebsrats beachten. Ich empfehle, hier eine entsprechende Betriebsvereinbarung aufzusetzen, die insbesondere den § 87 Abs. 1 Nr. 14 BetrVG beachtet, der die Mitbestimmung erweitert auf die „Ausgestaltung von mobiler Arbeit, die mittels Informations- und Kommunikationstechnik erbracht wird". Und hierunter fällt auch die Einrichtung der Telearbeitsplätze. Das heißt, Arbeitgeber entscheiden, „ob" Telearbeitsplätze eingerichtet werden; „wie" diese gestaltet sind, entscheidet der Betriebsrat mit.

Mitbestimmungsrechte des Betriebsrats bei der Einrichtung von Telearbeitsplätzen:
Im Unterschied zum Mitwirkungsrecht haben Betriebsräte beim Mitbestimmungsrecht die Möglichkeit, im Streitfall eine **Einigungsstelle** einzuschalten.

- § 87 Betriebsverfassungsgesetz: Telearbeitsplätze verändern die **Ordnung** eines Unternehmens sowie die tägliche **Arbeitszeit** – und hier haben Betriebsräte ein Mitbestimmungsrecht. Ferner geht es bei Telearbeitsplätzen um **technische Einrichtungen**, die das Verhalten und die Leistung von Beschäftigten überwachen können – hier haben Betriebsräte ebenfalls ein Mitbestimmungsrecht.

  Wichtig: Es ist nicht relevant, ob ein Arbeitgeber seine Beschäftigten auch überwacht. Allein, dass er die Möglichkeit hat, sorgt dafür, dass Betriebsräte sich einschalten können.

- § 99 Betriebsverfassungsgesetz: Mit Telearbeitsplätzen verändern Arbeitgeber den **Arbeitsort** ihrer Beschäftigten, was aus arbeitsrechtlicher Sicht einer Versetzung gleichkommt. In Unternehmen mit Betriebsrat muss dieser bei einer Versetzung vorher um Zustimmung gebeten werden – auch, wenn es sich um eine vorübergehende Maßnahme (z. B. aufgrund einer Pandemie) handelt.

  Wichtig: Sperrt sich ein Betriebsrat dagegen, können Arbeitgeber sich an das Arbeitsgericht wenden, um so die fehlende Zustimmung ihres Betriebsrats zu ersetzen.

SICHERHEIT: WAS IST WICHTIG?

WICHTIGES AUF EINEN BLICK

Wer vom Telearbeitsplatz aus tätig ist, arbeitet auch nur von dort. Das heißt, ein Wechsel des Arbeitsortes in ein Café oder Co-Working-Space ist ohne die Erlaubnis des Arbeitgebers nicht möglich.

Bevor Telearbeit vereinbart wird, müssen Arbeitgeber und Beschäftigte prüfen, ob alle Anforderungen zur **Sicherheit** und zum **Gesundheitsschutz** überhaupt eingehalten werden können. Denn neben der ArbStättV (→ *Arbeitsplatz und Arbeitsplatzausstattung: Wer zahlt wofür?, Seite 27*) muss auch das Arbeitsschutzgesetz (ArbSchG) eingehalten werden. Dazu gehört, dass eine Gefährdungsbeurteilung durchgeführt werden muss (→ *Arbeitsplatzsicherheit durch Gefährdungsbeurteilung und Unterweisung, Seite 51*). Auch müssen Unternehmen die von ihnen getroffenen Maßnahmen auf ihre Wirksamkeit überprüfen und falls erforderlich nachbessern (§ 3 Abs. 1 S. 2 ArbSchG).

ARBEITSSCHUTZ

Der Arbeitsschutz dient der sicheren **Gestaltung des Arbeitsplatzes** – wo auch immer er sich befindet. Die **Fürsorgepflicht des Arbeitgebers**, die er gegenüber seinen Beschäftigten hat, verpflichtet ihn zur Einhaltung des Arbeitsschutzes. Geregelt wird der Arbeitsschutz im Arbeitsschutzgesetz und in der Arbeitsstättenverordnung. Daneben existieren verbindliche, auf bestimmte Gefahrenquellen ausgerichtete Unfallverhütungsvorschriften, die die Träger der gesetzlichen Unfallversicherungen (meist die Berufsgenossenschaften) festgelegt haben.

Das heißt, Arbeitgeber müssen alle notwendigen **Maßnahmen zum Arbeitsschutz** treffen. Dazu gehören unter anderem: die Gefahrenbeurteilung (→ *Arbeitsplatzsicherheit durch Gefährdungsbeurteilung und Unterweisung, Seite 51*), die Gestaltung und Organisation der Arbeit, die Bereitstellung der Mittel sowie die Information und Schulung von Mitarbeitenden und Führungskräften. **Verstoßen** Arbeitgeber gegen den Arbeitsschutz, droht ein **Bußgeld**. Mögliche **Schadenersatzansprüche** reduzieren sich hier auf **Sachschäden**, da für Personenschäden immer die gesetzlichen Unfallversicherungen haften. Einzige Ausnahme: Der Arbeitgeber verstößt vorsätzlich gegen den Arbeitsschutz.

Selbstverständlich muss nicht nur der Arbeitgeber die Arbeitsschutzvorschriften beachten, sondern auch seine Beschäftigten. Bei Verstößen kann der Arbeitgeber – je nach Schwere und Häufigkeit des Verstoßes – den Mitarbeitenden **abmahnen** oder ihm gar verhaltensbedingt **kündigen**.

Verstößt der Arbeitgeber gegen Arbeitsschutzvorschriften, droht jedoch nicht nur ein Bußgeld. Beschäftigte können bei schweren, die Sicherheit beeinträchtigenden Verstößen sogar die **Arbeit einstellen**. Das gilt auch, wenn Arbeitgeber oder Vorgesetzte Tätigkeiten verlangen, die gegen den Arbeitsschutz verstoßen.

Existiert im Unternehmen ein **Betriebsrat**, ist er bei allen Fragen des Arbeitsschutzes zu beteiligen. Denn neben Informations- und Beratungsrechten hat er bei allgemeingültigen Regelungen zur Verhütung von Arbeitsunfällen und Berufskrankheiten sowie zum Gesundheitsschutz ein **Mitbestimmungsrecht**, an das sich Unternehmen grundsätzlich halten müssen (→ *Mitwirkungs- und Mitbestimmungsrechte des Betriebsrates, Seite 43*).

GESETZLICHE UNFALLVERSICHERUNG

Ein **Betriebsunfall** liegt vor, wenn zwischen Unfall und versicherter Tätigkeit ein sachlicher Zusammenhang besteht. Ob es sich in den eigenen vier Wänden um einen Betriebsunfall oder um einen häuslichen Unfall handelt, hängt dabei stark vom Einzelfall ab. Denn hier gehen **berufliche und private Aktivitäten** ineinander über, was eine Abgrenzung schwierig macht.

Relevant ist daher, ob der Beschäftigte bei einer Tätigkeit verunglückte, die er ausgeübt hat, um seinem Job nachzugehen. Das heißt: Nicht der **Unfallort** ist entscheidend, sondern die Frage, ob die Handlung, die zum Unfall führte, in einem engen Zusammenhang mit den beruflichen Aufgaben und somit einer **versicherten Tätigkeit** steht.

SO ENTSCHEIDEN DIE GERICHTE:

Ein Beschäftigter rutschte bei seinem ersten morgendlichen Weg vom Schlafzimmer in sein Homeoffice auf der Treppe aus und brach sich dabei einen Brustwirbel. Weil die Berufsgenossenschaft diesen Unfall nicht als Wegeunfall einstufte, ging der Betroffene vor Gericht. Das Sozialgericht Aachen wertete den erstmaligen Weg vom Schlafzimmer ins Homeoffice als versicherten Betriebsweg (Az.: S 6 U 5/19). Das Landessozialgericht Nordrhein-Westfalen aber „kassierte" das Urteil wieder ein (Az.: L 17 U 487/19). Für die Richter war der Weg vom Schlafzimmer zum Homeoffice eine unversicherte Tätigkeit. Das Bundessozialgericht (BSG) Kassel wiederum schloss sich dem Urteil des Sozialgerichts Aachen an (Az.: B 2 U 4/21 R). Die Begründung: Der Weg vom Schlafzimmer ins Homeoffice ist als Weg zur Arbeitsstätte zu bewerten. Schließlich musste der Beschäftigte diesen Weg gehen, um seine Tätigkeit aufnehmen zu können. Dementsprechend war der Weg durch die gesetzliche Unfallversicherung versichert. Mittlerweile hat der 2. Senat des Bundessozialgerichts hier eine Grundsatzentscheidung getroffen: Wer sich morgens auf dem erstmaligen Weg vom Schlafzimmer ins Homeoffice verletzt, ist durch die gesetzliche Unfallversicherung geschützt.

Wichtig: Damit die Kosten eines Arbeitsunfalls von der Berufsgenossenschaft übernommen werden, muss vor dem ersten Arbeitseinsatz in den privaten Räumen eine Gefährdungsbeurteilung durch den Arbeitgeber stattgefunden haben!

Nicht als Arbeitsunfall in privaten Räumen gelten Unfälle, die auf dem Weg in die **Küche** und ins **Bad** passieren. Diese werden als **eigenwirtschaftliche Tätigkeit** (also als eine Tätigkeit, die der eigenen Versorgung dient) bewertet und sind nicht versichert. Im Gegensatz zum Betrieb: Dort nämlich fallen diese Wege unter den Schutz der gesetzlichen Unfallversicherung.

Hat ein Beschäftigter einen häuslichen Arbeitsunfall und hat der eine **mehr als drei Tage** andauernde **Arbeitsunfähigkeit** zur Folge, muss der Arbeitgeber den Arbeitsunfall dem **Unfallversicherungsträger melden**. Der § 193 des SGB VII verpflichtet ihn dazu. Zudem hat er eine Frist einzuhalten: Nachdem er vom Arbeitsunfall erfahren hat, muss er den Unfall innerhalb von **drei Kalendertagen** melden – der Unfalltag selbst zählt nicht dazu. Sind mehr als drei Personen betroffen oder ist gar eine Person tödlich verunglückt, muss die Berufsgenossenschaft **unverzüglich** vom Arbeitgeber informiert werden. Sinnvoll ist es daher, wenn Beschäftigte bei Arbeitsunfällen ihre Arbeitgeber schnellstmöglich informieren. Sollten sie das nicht können, sollten Angehörige oder Mitarbeitende das übernehmen.

Wichtig: Egal, ob schwerwiegende oder kleine Verletzung, der Unfall sollte unbedingt dokumentiert werden (Fotos, Notizen zu Unfallhergang und Zeiten). Gerade bei Spätfolgen kann damit eine Kostenübernahme für Behandlungen durch die Unfallversicherung leichter sein.

DER RECHTSANWALT RÄT:

Betriebswege sind Wege, die im unmittelbaren **Betriebsinteresse** erfolgen. Es ist also entscheidend, warum der Beschäftigte zum **Unfallzeitpunkt** zu Hause unterwegs war. Hat er sich ein Glas Wasser oder Arbeitsunterlagen aus dem Regal geholt, als er stürzte?

So vielfältig die Gründe für die Wege in der häuslichen Arbeitsumgebung sein können, so schwierig ist auch die **Feststellung und Beweisbarkeit**, was der Beweggrund war, der zum Unfall führte. Das heißt, sowohl objektiv als auch nach der subjektiven Vorstellung des Beschäftigten muss der Weg unmittelbar unternehmensdienlich und direkt darauf gerichtet gewesen sein, seine Aufgaben als Beschäftigter im Unternehmensinteresse zu erfüllen. Nur dann ist der Unfall auch ein Arbeitsunfall.

Das heißt, es muss eine **objektivierte Handlungstendenz** geben, die bei den Gerichten im Rahmen der Amtsermittlung (§ 103 SGG) und der Beweiswürdigung (§ 128 Absatz I 1 iVm § 153 SGG Absatz I SGG) unter Berücksichtigung der gesamten objektivierbaren Umstände des Einzelfalls festzustellen ist.

ARBEITSPLATZSICHERHEIT DURCH GEFÄHRDUNGSBEURTEILUNG UND UNTERWEISUNG

Je nach Branche und Tätigkeit existieren unterschiedliche potenzielle Gefahren am Arbeitsplatz. Die **Gefährdungsbeurteilung** dient dazu, Beschäftigte vor diesen **Gesundheitsrisiken** am Arbeitsplatz bzw. Telearbeitsplatz zu schützen.

Nach § 3 der ArbStättV sind Arbeitgeber **verpflichtet**, eine Gefährdungsbeurteilung durchzuführen. In diesem Zusammenhang ist auch der Anhang Nr. 6 des § 3, der für **Bildschirmarbeitsplätze** gilt, wichtig. Ferner muss laut § 12 des ArbSchG die Gefährdungsbeurteilung erfolgen – und zwar bevor Beschäftigte ihre Tätigkeit in den eigenen vier Wänden aufnehmen.

Wie wichtig es ist, dass sich Arbeitgeber an ihre **Pflichten** halten, zeigt die **Haftung**: Setzen Arbeitgeber diese Pflicht nicht um, kommt die Berufsgenossenschaft im Falle eines Unfalls nicht für die anfallenden Kosten auf. Dafür muss dann der **Arbeitgeber haften**. Ferner muss er ein **Bußgeld** zahlen, im schlimmsten Fall droht gar eine **Freiheitsstrafe** – das gilt für Arbeitsunfälle im Betrieb und zu Hause!

Um **Gefahren am Arbeitsplatz** zu eliminieren bzw. zu vermeiden, werden alle Gefahrenquellen ermittelt, Maßnahmen definiert sowie im Anschluss umgesetzt. Somit ist die **Gefährdungsbeurteilung** generell ein wichtiges Instrument, um Arbeitsunfällen, berufsbedingten Krankheiten und psychischen Belastungen durch entsprechende **Vorsorgemaßnahmen** entgegenzuwirken. Dazu gehört bei Bildschirmarbeitsplätzen die **Gefährdungsbeurteilung G37** (digitale Sehtests) sowie die Unterweisung zur Bildschirmarbeit. Wie oft Geräte mit einem Stecker überprüft werden müssen, zeigt die **Gefährdungsbeurteilung 0515** (Elektrosicherheit). Das heißt, Arbeitgeber bzw. externe Prüfunternehmen legen den Prüfintervall danach fest, in welchem Zeitraum sie Mängel, die während der Benutzung entstehen können, auch rechtzeitig erkennen.

Nach § 5 des ArbSchG kann sich eine Gefährdung ergeben durch:

- die Gestaltung und die Einrichtung der Arbeitsstätte und des Arbeitsplatzes,
- physikalische, chemische und biologische Einwirkungen,
- die Gestaltung, die Auswahl und den Einsatz von Arbeitsmitteln, insbesondere von Arbeitsstoffen, Maschinen, Geräten und Anlagen sowie den Umgang damit,
- die Gestaltung von Arbeits- und Fertigungsverfahren, Arbeitsabläufen und Arbeitszeit und deren Zusammenwirken,
- unzureichende Qualifikation und Unterweisung der Beschäftigten,
- psychische Belastungen bei der Arbeit.

IN 7 SCHRITTEN ZUR GEFÄHRDUNGSBEURTEILUNG:

1. **Arbeitsbereiche und Tätigkeiten definieren**
2. **Gefährdungen ermitteln**
3. **Gefährdungen beurteilen**
4. **Maßnahmen festlegen**
5. **Maßnahmen durchführen**
6. **Wirksamkeit prüfen**
7. **Gefährdungsbeurteilung fortschreiben**

UNTERWEISUNG ZUR ARBEITSSICHERHEIT

Bevor die Arbeit zu Hause überhaupt aufgenommen werden kann, muss laut § 12 des ArbSchG eine **Unterweisung zur Arbeitssicherheit** erfolgen. Denn auch Beschäftigte tragen eine **Mitverantwortung** für die Sicherheit und den Gesundheitsschutz am Telearbeitsplatz. Und um das erfüllen zu können, müssen sie nicht nur ihre **Schutzpflichten** kennen, sie müssen auch entsprechend eingewiesen werden. Das heißt, sie müssen darüber informiert werden, wie der Arbeitsplatz sachgemäß aufgebaut wird, was die richtige Arbeitshaltung ist, wie Geräte richtig verwendet werden und wie Arbeitszeiten befolgt werden müssen.

Und weil das **digital** erfolgen kann, müssen Beschäftigte dafür keine fremden Personen in ihr Zuhause lassen. Aus **Nachweisgründen** sollten sie ihrem Arbeitgeber bestätigen, dass sie ihre Schutzpflichten verstanden haben und auch umsetzen können.

Wichtig: Diese Unterweisung muss bei Telearbeitsplätzen einmal pro Jahr erfolgen. Ferner sollten Arbeitgeber sich in regelmäßigen Abständen bei ihren Beschäftigten erkundigen, ob alles wie bisher funktioniert und eingerichtet ist oder ob an der bisherigen Einrichtung zwischenzeitlich Veränderungen vorgenommen wurden.

DATENSCHUTZ UND DATENSICHERHEIT

Arbeitgeber sind grundsätzlich verpflichtet, den Datenschutz und die Datensicherheit sicherzustellen, und Beschäftigte müssen diese umsetzen – egal, von wo aus sie tätig sind. Dazu gehört, betriebliche sowie personenbezogene Daten vor dem **Zugriff Fremder** zu schützen, weswegen notwendige Vorkehrungen zu treffen sind.

Im Unternehmen können Arbeitgeber eine Infrastruktur schaffen, die die bestmögliche Sicherheit bietet. In den privaten Räumen der Beschäftigten müssen sie daher ebenfalls ein Sicherheitsniveau schaffen, das mit dem im Unternehmen vergleichbar ist. Das heißt, Arbeitsgeräte wie Smartphone, Tablet, PC, Laptop usw. müssen über die **datenschutzrechtlichen Sicherheitsanforderungen** verfügen. Denn Arbeitgeber müssen nicht nur im Unternehmen, sondern auch in den privaten Räumen ihrer Mitarbeitenden die Daten der Beschäftigten sowie die von Dritten schützen. Und weil wichtige **Kontrollmaßnahmen** auf privaten Geräten stark eingeschränkt sind, sollten Arbeitgeber grundsätzlich notwendige Arbeitsgeräte zur Verfügung stellen.

Wichtige Maßnahmen dabei sind:
- Schnittstellen wie z. B. das WLAN verschlüsseln.
- Über eine VPN-Verbindung in die IT-Infrastruktur beim Arbeitgeber einwählen.
- Nahfeldtechnologien wie Bluetoooth auf die erforderliche Nutzung beschränken.
- Software sowie Schutzsysteme (z. B. Firewalls, Virenerkennung) immer auf dem neuesten Stand halten.
- Zugänge durch Passwörter schützen und mit Passwortmanagementsoftware organisieren, Daten verschlüsselt abspeichern, Unterlagen in abschließbaren Fächern verstauen.
- USB-Speicher vermeiden und stattdessen auf betriebliche Cloudspeicher setzen.
- Zu guter Letzt muss auch der Einbruch- und Zutrittsschutz gewährleistet sein. Das heißt nicht, dass Beschäftigte ihr Zuhause nachrüsten müssen. Vielmehr geht es hier darum, die getroffenen Vereinbarungen (Fenster und Türen verschließen, abschließbare Behältnisse nutzen, sensible Unterlagen schützen usw.) auch umzusetzen.

Nutzen Beschäftigte für ihre Arbeit vom Telearbeitsplatz **private Geräte** (als „Bring Your Own Device", kurz BYOD, bezeichnet), sind gewisse Vorkehrungen zu treffen:

- Arbeitgeber müssen betriebliche Informationen auf privaten Geräten **kontrollieren** und im Zweifel aus der Ferne **löschen** können. Weil das die Privatsphäre der Mitarbeitenden berührt, sollten beide so genannte **Trennungspflichten** vereinbaren. Das heißt, Beschäftigte trennen berufliche und private Daten strikt, so dass Arbeitgeber bei der Kontrolle oder Löschung von Daten nicht die **Privatsphäre** ihrer Beschäftigten verletzen können.
- Die **Software** sollte aufgrund des Datenschutzes und des Urheberrechts vom Betrieb zur Verfügung gestellt werden.

2

MOBILE ARBEIT IM INLAND

DEFINITION ARBEITSORT

WICHTIGES AUF EINEN BLICK

Der mobile Arbeitsplatz kann überall sein. Während die Telearbeit in der Arbeitsstättenverordnung ausdrücklich genannt wird, fehlt eine solche rechtliche Grundlage zwar für das mobile Arbeiten. Das Bundesministerium für Arbeit und Soziales aber sprach in der SARS-CoV-2-Arbeitsschutzregel von „Mobilem Arbeiten" (→ *Wichtige Begriffsklärung und gesetzliche Definitionen, Seite 21*).

Wer **mobil tätig** ist, hat in der Regel keinen Arbeitsplatz beim Arbeitgeber. Das heißt, Beschäftigte sind nicht an einen festen Arbeitsplatz gebunden, sondern an beliebigen Orten. Manche sind gar als **Nomaden** unterwegs. Und weil sie ihre Arbeitsleistung ortsunabhängig am **mobilen Equipment** erbringen, sind sie auch für die Einrichtung ihres Arbeitsplatzes selbst verantwortlich. Dieser kann im Co-Working-Space, Café, Wohnmobil o. ä., bei Kunden oder Lieferanten sein kann. Manchmal arbeiten mobil Beschäftigte auch von **zu Hause** aus, dort aber nicht von einem fest eingerichteten Arbeitsplatz, sondern mit ihrem mobilen Equipment.

SONDERSTELLUNG CO-WORKING-SPACE

Co-Working-Spaces nehmen hier aus arbeitsrechtlicher Sicht eine **Sonderstellung** ein. Auch wenn es sich hierbei um einen in sich abgeschlossenen Bereich handelt, gilt diese Arbeitsform aus arbeitsrechtlicher Sicht als **mobiler Arbeitsplatz**. Das heißt, sind Beschäftigte vom Co-Working-Space aus tätig, bleiben sie dennoch in die Organisation des Betriebes eingebunden. Für Arbeitgeber, die für ihre Beschäftigten einen Co-Working-Space als Arbeitsort anmieten wollen, bedeutet das, dass sie bei der Vertragsgestaltung mit dem Co-Working-Space-Anbieter folgende arbeitsrechtliche Aspekte berücksichtigen müssen:

1. Arbeitgeber müssen das **Mitbestimmungsrecht des Betriebsrats** (sofern im Unternehmen vorhanden) berücksichtigen. Das heißt, Betriebsräte müssen bereits über den Plan, einen Co-Working-Space als Arbeitsort auszuwählen, informiert werden. Dazu gehört auch, dem Betriebsrat rechtzeitig alle erforderlichen Unterlagen und Informationen dafür und darüber auszuhändigen (§§ 87 Abs. 1 Nr. 1 BetrVG und 90 BetrVG).

2. Beschäftigte müssen auch im Co-Working-Space den **Datenschutz** berücksichtigen. Werden beispielsweise Räumlichkeiten, Kopierer, Drucker usw. gemeinschaftlich mit anderen Mietern des Co-Working-Spaces genutzt, müssen Beschäftigte Daten vor dem unbefugten Zugriff Dritter schützen. Das heißt, Unterlagen dürfen nicht rumliegen, sondern müssen in abschließbaren Schränken verstaut werden. Geräte müssen mit Sichtschutzfolien ausgestattet sein. Aktenvernichter müssen für die Vernichtung von vertraulichen Informationen genutzt werden usw. (→ *Datenschutz und Datensicherheit, Seite 73*).

3. Arbeitgeber sind für die Einrichtung der Arbeitsplätze zuständig und verantwortlich. Das heißt, auch der Arbeitsplatz im Co-Working-Space muss die **Arbeitsschutzvorschriften** erfüllen, um gesundheitliche Beeinträchtigungen und Arbeitsunfälle zu verhindern.

Nach § 5 Arbeitsschutzgesetz sind sie insbesondere verpflichtet, eine Gefährdungsbeurteilung der Arbeitsplätze durchzuführen.

Im Klartext, der Betreiber des Co-Working-Spaces muss:

- ergonomische Büromöbel zur Verfügung stellen
- über Ersthelfer und Brandschutzbeauftrage verfügen
- den Arbeitgeber bei der Erstellung der Gefährdungsbeurteilung unterstützen sowie auf mögliche Gefahrenquellen hinweisen
- bei Arbeitsunfällen haften

DER RECHTSANWALT RÄT:

Auch wenn der Arbeitgeber einzelne Arbeitsschutzpflichten an den Co-Working-Space-Betreiber delegiert, trägt er die **Gesamtverantwortung** für die Durchführung des Arbeitsschutzes. Das heißt, er muss kontrollieren, ob die Arbeitsschutzvorschriften auch eingehalten werden. Und auch wenn er dem Betreiber keine Anweisungen erteilen kann, muss er dafür sorgen, dass die gesetzlichen Bedingungen erfüllt werden. Das erreicht er beispielsweise über eine separate Vereinbarung, die die Regelungen festlegt.

ARBEITSPLATZ UND ARBEITSPLATZAUSSTATTUNG: WER ZAHLT WOFÜR?

WICHTIGES AUF EINEN BLICK

Arbeitgeber müssen zwar nicht die Arbeitsstättenverordnung umsetzen, sie sind aber verpflichtet, die arbeitsschutzrechtlichen Vorschriften zu beachten.

ARBEITSSTÄTTENVERORDNUNG (ARBSTÄTTV)

Die ArbStättV muss von Arbeitgebern bei der mobilen Arbeit nicht umgesetzt werden, denn es ist für sie nicht möglich, die Arbeitsplatzsicherheit an einem mobilen Arbeitsplatz zu gewährleisten. Dementsprechend wird die Einrichtung des mobilen Arbeitsplatzes auch nicht über die Arbeitsstättenverordnung geregelt. Das heißt, der Beschäftigte richtet sich nach den Vorgaben des Arbeitgebers seinen mobilen Arbeitsplatz selbst ein.

Die arbeitsschutzrechtlichen Vorschriften wie die **Gefährdungsbeurteilung** (nach § 5 Abs. 1 ArbSchG), die **Unterweisung** des Beschäftigten (nach § 12 Abs. 1 ArbSchG) sowie die **Betriebssicherheitsverordnung** gelten bei mobilen Arbeitsplätzen – wenn auch teilweise nur eingeschränkt – ebenfalls. Das heißt, Arbeitgeber müssen hier die Prüf- und Dokumentationspflichten beachten (→ *Datenschutz und Datensicherheit, Seite 73*).

HARD- UND SOFTWARE

Beschäftigte, die von unterwegs aus tätig sind, benötigen zwar weder Mobiliar noch Beleuchtung. Wer mobil arbeitet, benötigt jedoch in der Regel einen Laptop, ein Smartphone, gegebenenfalls ein Headset sowie Software, die die **Sicherheitsanforderungen** erfüllen müssen. Letzteres ist nicht trivial, weshalb hier vor allem die IT-Abteilungen der Unternehmen gefordert sind. Denn das Risiko von Datenschutzverstößen oder einer Verletzung von Betriebs- und Geschäftsgeheimnissen ist bei mobil tätigen Beschäftigten höher als bei Mitarbeitenden, die aus dem Unternehmen oder den eigenen vier Wänden tätig sind (→ *Datenschutz und Datensicherheit, Seite 73*).

KOSTEN FÜR ARBEITSPLATZAUSSTATTUNG

Wie bei Telearbeitsplätzen tragen auch bei mobil Beschäftigten Arbeitgeber die Anschaffungskosten für das mobile Equipment (§ 670 BGB). Die für die Tätigkeit **notwendige Arbeitsplatzausstattung** können sie durch die Gefährdungsbeurteilung bestimmen (→ *Arbeitsplatzsicherheit durch Gefährdungsbeurteilung und Unterweisung, Seite 72*).

Bevor die mobile Arbeit beginnt, sollten Arbeitgeber und Beschäftigte die beruflich verursachten Kosten **schriftlich** festhalten. Weil vor allem die Internet- und Telefonkosten mobil höher sein können als im Homeoffice, bietet sich eine **monatliche Kostenpauschale** an, die alle laufenden Kosten wie beispielsweise eine Co-Working-Space-Miete oder Ähnliches abdeckt.

HAFTUNG BEI SCHÄDEN

Beschädigt ein Beschäftigter das mobile Equipment des Arbeitgebers, gelten – wie bei Telearbeitsplätzen auch – die **Haftungsprivilegien**. Das heißt, Beschäftigte müssen Schadenersatz leisten, wenn sie vorsätzlich oder grob fahrlässig (also **schuldhaft**) ihre **arbeitsvertraglichen Pflichten verletzt** haben und hierdurch ein Schaden entstanden ist. Dabei bedeutet fahrlässig zu handeln, nicht so zu agieren, wie es von einem „normalen“ Beschäftigten verlangt werden kann (→ *1. Kapitel, Haftung bei Schäden, Seite 32*).

Führt das vom Arbeitgeber zur Verfügung gestellte technische Equipment zu einem Schaden (z. B. Brand oder Personenschäden), gilt – wie bei Telearbeitsplätzen auch – die **deliktische Haftung** (§§ 823 bis 853 BGB). Das heißt, Arbeitgeber sind zu Schadenersatz und/oder Schmerzensgeld verpflichtet. Deshalb sind beide gut beraten, wenn sie vor der Aufnahme der mobilen Arbeit das finanzielle Risiko durch den Abschluss einer entsprechenden **Versicherung** begrenzen.

DER RECHTSANWALT RÄT:

Die Ausstattung, die Kosten und die Haftung sind wichtige Aspekte, die Arbeitgeber in einer Arbeitsvertragsergänzung oder Betriebsvereinbarung dringend regeln sollten. Wer hier Klarheit über die Rechte und Pflichten schafft, legt den Grundstein für das Gelingen der mobilen Arbeit. Zudem sollten Beschäftigte vor Beginn der mobilen Arbeit umfangreiche Informationen zu Arbeitssicherheit und Arbeitsschutz erhalten. Auch sollte die Eigenverantwortung der Beschäftigten schriftlich festgehalten werden.

ARBEITSZEIT: WAS SIEHT DAS GESETZ VOR?

WICHTIGES AUF EINEN BLICK

Wer von unterwegs aus arbeitet, muss sich an das Arbeitszeitgesetz (ArbZG) halten. Das heißt, die Regelungen zu Höchstarbeitszeit, Ruhepausen und -zeiten sowie das Verbot von Sonn- und Feiertagsarbeit müssen eingehalten werden. Die Verantwortung dafür tragen Arbeitgeber.

ARBEITSZEITGESETZ

Auch bei der mobilen Arbeit müssen sich Unternehmen sowie Beschäftigte an die Höchstgrenzen der täglichen Arbeitszeit halten sowie die Mindestdauer für **Ruhezeiten** und **Pausen** beachten. Ferner gilt (bis auf Ausnahmen), dass Sonn- und Feiertage als Arbeitsruhe zu schützen sind (→ *1. Kapitel, Arbeitszeitgesetz, Seite 34*).

Das heißt, Beschäftigte dürfen auch unterwegs werktags nicht mehr als acht Stunden arbeiten, zwischen den Arbeitseinheiten muss eine **Ruhezeit** von elf Stunden eingehalten werden (§ 5 Abs. 1 ArbZG). Was in der Praxis bei Beschäftigten, die mobil tätig sind, problematisch sein kann. Wer örtlich entgrenzt ist, kann bei jeder Gelegenheit wie beispielsweise Flügen, Bahnfahrten, Wartezeiten usw. E-Mails checken sowie Telefonate führen. Das Risiko, hier gegen die Ruhezeiten zu verstoßen ist groß. Und die **Verantwortung** dafür tragen Arbeitgeber. Daher sollten Arbeitgeber zum einen **klare Absprachen** mit ihren Beschäftigten treffen und auf die **Erfassung von Arbeitszeiten** bestehen. Zum anderen ihre Mitarbeitenden dafür sensibilisieren, ebenfalls darauf zu achten, dass sie das ArbZG einhalten müssen.

ZEITERFASSUNG

Arbeitgeber sollten Beschäftigte, die mobil arbeiten, verpflichten, selbst Aufzeichnungen zu Beginn, Pausen und Ende der Arbeitszeit zu erstellen. Vor dem Hintergrund der EuGH- und BAG-Urteile (→ *1. Kapitel, Arbeitszeitgesetz, Seite 34*) werden zukünftig sicher elektronische Systeme sowie Zeiterfassungs-Apps zunehmen.

Dabei sollten Beschäftigte das Erfassen von Arbeitszeiten **nicht negativ** bewerten oder gar als Überwachung ihrer Arbeitgeber deuten. Zum einen sind Arbeitgeber verpflichtet, die gesetzlichen Arbeitszeiten einzuhalten und für die Umsetzung verantwortlich. Zum anderen dient diese **Dokumentation** Arbeitgebern als eine Übersicht über die geleisteten Überstunden. Und genau diese **Transparenz** erschwert es Arbeitgebern, etwaige **Überstunden** konsequent zu ignorieren.

INDIVIDUELLE ARBEITSZEITMODELLE

Beschäftigte, die mobil arbeiten, entscheiden in der Regel selbst, wann und wie sie tätig sind. Daher sind für diese Beschäftigtengruppe weniger individuelle Arbeitszeitmodelle wichtiger. Für sie ist wesentlich relevanter, vorab **Erreichbarkeitszeiten** festzulegen.

ARBEITSVERTRAG: WORAUF IST ZU ACHTEN?

WICHTIGES AUF EINEN BLICK

Vereinbaren Arbeitgeber und Beschäftigte die mobile Arbeit, sollten sie das schriftlich tun. Die Zusatzvereinbarung zum Arbeitsvertrag, eine Betriebsvereinbarung bzw. ein gesonderter Telearbeitsvertrag sollten dabei die wichtigsten Aspekte aufführen.

ARBEITSVERTRAG, ZUSATZVEREINBARUNG ODER BETRIEBSVEREINBARUNG?

Sind Beschäftigte mobil tätig, benötigt diese Arbeitsform eine klare **Abstimmung** zwischen Arbeitgebern und Beschäftigten. Das heißt, grundsätzlich sollten Regelungen zur mobilen Arbeit – wenn sie nicht bereits Bestandteil eines Tarifvertrages sind – im Arbeitsvertrag oder einer Betriebsvereinbarung getroffen werden. In Unternehmen mit einem Betriebsrat ist dieser mitbestimmungspflichtig. Dann sollten Arbeitgeber gemeinsam mit dem **Betriebsrat** eine Betriebsvereinbarung zur mobilen Arbeit gestalten.

Schriftlich festgehalten werden sollte:

- wie der mobile Arbeitsplatz ausgestattet ist (Hard- und Software, Tools usw.)
- wie Arbeitsmittel transportiert und verwahrt werden müssen, wenn sie nicht in Gebrauch sind
- wie die Kosten erfasst werden und wer welche trägt
- ob eine private Nutzung der Arbeitsmittel erlaubt ist
- wie die Haftung geregelt ist
- wer das Gehaltsrisiko trägt
- wie die Arbeitszeit dokumentiert wird und ob es Erreichbarkeits- und Arbeitszeiten gibt
- ob Bearbeitungsfristen für konkrete Aufgaben existieren
- wie der Datenschutz und die Datensicherheit gewährleistet werden
- wie die Rückkehrregelungen (bei z. B. technischen Störungen o. ä.) gestaltet sind
- ob und wie die mobile Arbeit beendet werden kann

GEHALTSRISIKO

Eine weitere Besonderheit bei der mobilen Arbeit ist die Frage, wer das **Gehaltsrisiko** trägt, wenn die Arbeit aufgrund technischer Defekte oder Netz-Störungen nicht möglich ist. Im Betrieb liegt das **Betriebsrisiko** aufgrund technischer Defekte und Störungen – oder sonstiger von Beschäftigten nicht zu vertretener Gründe – beim Arbeitgeber (§ 615 Satz 3 BGB). Für die mobile Arbeit ist das (noch) **nicht gesetzlich geregelt**. Deshalb sollten die Konsequenzen für den Fall, dass die Arbeit längerfristig oder sogar dauerhaft nicht erledigt werden kann, ebenfalls **schriftlich** festgehalten werden. Dabei sollte diese Vereinbarung auch beinhalten, ob und ab wann der Arbeitgeber in solchen Fällen die **Rückkehr** in den Betrieb verlangen kann. Oder welche anderen Alternativen zur Verfügung stehen.

SOZIALVERSICHERUNG

Für die Sozialversicherung ist nicht der Ort entscheidend, an dem die Arbeit tatsächlich erledigt wird, sondern vielmehr, ob der Mitarbeitende in die **Arbeitsorganisation** des Unternehmens eingegliedert ist und ob er die **Weisungen** des Arbeitgebers befolgen muss. Daher gelten mobile Arbeitsplätze als **ausgelagert.** Und weil die Mitarbeitenden in einem abhängigen Beschäftigungsverhältnis tätig sind (und eben nicht in einer selbstständigen Tätigkeit), müssen Arbeitgeber auch alle beitrags- und melderechtlichen Verpflichtungen wie beispielsweise die Sozialversicherung einhalten.

Wichtig: Anders sieht die Situation aus, wenn Beschäftigte aus dem Ausland (z. B. Ferienwohnung oder mobil aus einem Van, Wohnwagen o. ä.) tätig sind (→ *Kapitel 3 und 4*).

MITWIRKUNGS- UND MITBESTIMMUNGSRECHTE DES BETRIEBSRATES

Betriebsräte sorgen in Unternehmen für die Einhaltung der Rechte von Beschäftigten. Grundlage dafür ist das **Betriebsverfassungsgesetz**. Es regelt die Mitbestimmungsrechte von Betriebsräten in Unternehmen. Das heißt, Betriebsräte haben die Aufgabe, mögliche **Konflikte** zwischen Arbeitgebern und Beschäftigten zu lösen. Deshalb **überwachen** sie, dass Arbeitgeber geltende Gesetze, Verordnungen, Vorschriften, Verträge und Betriebsvereinbarungen auch einhalten (→ *1. Kapitel, Mitwirkungs- und Mitbestimmungsrechte des Betriebsrates, Seite 43*).

Mit dem im Frühjahr 2021 verabschiedeten **Betriebsrätemodernisierungsgesetz** hat der Gesetzgeber ein eigenes Mitbestimmungsrecht für die **Ausgestaltung mobiler Arbeit** geschaffen, was ein erweiterter gesetzlicher Unfallversicherungsschutz für Beschäftigte ist, die mobil arbeiten. Die Entscheidung, ob mobile Arbeit eingeführt wird, liegt aber weiterhin beim Arbeitgeber.

SO MACHEN ES DIE UNTERNEHMEN:

PEPSICO DEUTSCHLAND

PepsiCo Deutschland entwickelte mit dem Betriebsrat für Beschäftigte mit Computerarbeitsplatz die „Mobile Working Policy“: Damit ist nicht nur das Arbeiten von überall in Deutschland möglich. Die Beschäftigten können ihre Arbeitszeit auch selbst wählen.

SICHERHEIT: WAS IST WICHTIG?

WICHTIGES AUF EINEN BLICK

Wer mobil arbeitet, kann von überall aus tätig sein. Das heißt, die Gefährdungsbeurteilung gestaltet sich schwieriger. Auch ist bei der mobilen Nutzung von Laptops, Smartphones, Tablets usw. die Gefahr besonders groß, dass Bildschirme ausgespäht, Telefonate abgehört, Geräte gestohlen werden oder verloren gehen. Hier müssen Arbeitgeber gegensteuern.

ARBEITSSCHUTZ

Der Arbeitsschutz dient der sicheren **Gestaltung des Arbeitsplatzes** – wo auch immer er sich befindet. Die **Fürsorgepflicht des Arbeitgebers**, die er gegenüber seinen Beschäftigten hat, verpflichtet ihn zur Einhaltung des Arbeitsschutzes. Das heißt, auch bei der mobilen Arbeit müssen Arbeitgeber den Arbeitsschutz berücksichtigen. Sie müssen sicherstellen, dass ihre mobil tätigen Beschäftigten keinen **psychischen Belastungen** (die z. B. durch wechselnde Arbeitsplätze außerhalb des Betriebes entstehen können) sowie **physischen Gefahren** (die z. B. durch fehlende Ergonomie oder Störungen durch Umgebungsgeräusche) ausgesetzt sind.

Was aufgrund der Arbeitssituation **herausfordernd** ist, denn theoretisch müssen sie die mobilen Arbeitsplätze überprüfen, was aufgrund der Entfernung problematisch sein kann. Sinnvoll ist daher, wenn Arbeitgeber eine **Checkliste** erstellen, die

die mobil tätigen Mitarbeitenden umsetzen und durch ihre Unterschrift bestätigen. Und weil nicht nur der Arbeitgeber die Arbeitsschutzvorschriften beachten muss, sondern auch seine Beschäftigten, kann er bei Verstößen – je nach Schwere und Häufigkeit des Verstoßes – den Mitarbeitenden **abmahnen** oder ihm gar verhaltensbedingt **kündigen**.

Verstößt der Arbeitgeber gegen Arbeitsschutzvorschriften, droht nicht nur ein Bußgeld. Beschäftigte können bei schweren, die Sicherheit beeinträchtigenden Verstößen sogar die **Arbeit einstellen**. Das gilt auch, wenn Arbeitgeber oder Vorgesetzte Tätigkeiten verlangen, die gegen den Arbeitsschutz verstoßen.

Existiert im Unternehmen ein **Betriebsrat**, ist er bei allen Fragen des Arbeitsschutzes zu beteiligen. Denn neben Informations- und Beratungsrechten hat er bei allgemeingültigen Regelungen zur Verhütung von Arbeitsunfällen und Berufskrankheiten sowie zum Gesundheitsschutz ein **Mitbestimmungsrecht**, an das sich Arbeitgeber grundsätzlich halten müssen (→ *Mitwirkungs- und Mitbestimmungsrechte des Betriebsrates, Seite 69*).

GESETZLICHE UNFALLVERSICHERUNG

Wer mobil arbeitet fällt auch unter den Schutz der gesetzlichen Unfallversicherung. Versichert sind dabei **Tätigkeiten**, die Beschäftigte **im Interesse ihres Arbeitgebers** ausüben, die von diesem akzeptiert bzw. nicht ausdrücklich untersagt werden – unabhängig von Arbeitsstätte oder üblichen Arbeitszeiten.

Wichtig: Unterbricht ein Beschäftigter für private Zwecke seine Arbeit, ist der Schutz durch die gesetzliche Unfallversicherung zumindest für diese Zeit ebenso unterbrochen.

ARBEITSPLATZSICHERHEIT DURCH GEFÄHRDUNGSBEURTEILUNG UND UNTERWEISUNG

Eine Begehung bzw. Beurteilung des Arbeitsplatzes gestaltet sich bei der mobilen Arbeit in der Regel schwierig. Dennoch ist sie für Arbeitgeber **verpflichtend**! Daher ist es bei dieser Arbeitsplatzform wichtig, die Gefährdungsbeurteilung dafür zu nutzen, um mögliche **Risiken** im Vorfeld auszumachen und so gut es geht auszuschließen. Nähere Informationen finden sich dazu in § 5 und § 12 des **Arbeitsschutzgesetzes**, der auch für Telearbeitsplätze gilt (→ *1. Kapitel, Arbeitsplatzsicherheit durch Gefährdungsbeurteilung und Unterweisung, Seite 51*).

UNTERWEISUNG ZUR ARBEITSSICHERHEIT

Eine **Unterweisung zur Arbeitssicherheit** muss erfolgen, bevor die mobile Arbeit aufgenommen wird. Das heißt, Beschäftigte werden darüber aufgeklärt, dass der Arbeitsplatz sachgemäß aufzubauen ist, Arbeitszeiten befolgt und Geräte richtig verwendet werden müssen – was aufgrund der Entfernung **digital** erfolgen kann.

Relevant ist bei Bildschirmarbeitsplätzen zudem die arbeitsmedizinische Prävention. Ob bei Telearbeitsplätzen oder mobilen Arbeitsplätzen, die Gefährdungsbeurteilung G37 (digitale Sehtests) sowie die Unterweisung zur Bildschirmarbeit müssen ebenfalls umgesetzt werden.

DATENSCHUTZ UND DATENSICHERHEIT

Der Datenschutz und die Datensicherheit sind bei der mobilen Arbeit eine **größere Herausforderung** als bei Telearbeitsplätzen, wo die Firewall und die abschließbaren Räume und Büromöbel eine größere Sicherheit bieten als beispielsweise Hotelzimmer, Fahrzeuge, Co-Working-Spaces oder Rucksäcke.

INFORMATIONEN UND DATEN

Das sichere **Sammeln, Speichern, Versenden und Vernichten** von Informationen und Daten ist für mobil arbeitende Beschäftigte eine Herausforderung. Arbeitgeber sollten deshalb vorab regeln, welche Informationen (in Papierform und in IT-Systemen) außerhalb des Unternehmens transportiert, bearbeitet und vernichtet werden dürfen.

Auch sollten sie gewährleisten, dass die Kommunikationswege sicher sind. Dazu gehört, dass Beschäftigte den **Austausch** vertraulicher Informationen in **öffentlichen Räumen** vermeiden sollten sowie vertrauliche Informationen unterwegs sicher **vernichten**. Ist das nicht möglich, müssen diese an den Arbeitgeber gehen, wo sie sicher entsorgt werden können.

TECHNISCHES EQUIPMENT

Um vor dem unbefugten Zugriff Dritter geschützt zu sein, sollte das **technische Equipment** grundsätzlich sicher konfiguriert sowie mit Sichtschutzfolien ausgestattet sein. Ferner sollten Beschäftigte auch beim kurzzeitigen Verlassen von mobilen Arbeitsplätzen das technische Equipment und alle Arbeitsmaterialien nicht nur **sperren** und **wegräumen**, sondern am besten **mitnehmen**. Und sie sollten für einen sicheren **Transport** sorgen, damit Geräte und Unterlagen vor Stürzen, Unfällen, Wasser, Hitze usw. geschützt sind.

Um bei Schäden oder Verlust keine Daten zu verlieren, ist es ratsam, das lokale Abspeichern zu vermeiden. Ferner sollten alle mobilen Geräte **verschlüsselt** sein. Dazu gehört auch, dass das Einwählen in die IT-Infrastruktur des Arbeitsgebers nur über eine **VPN-Verbindung** erfolgt. Und weil fremde IT-Systeme und -Netze eine zusätzliche Gefahrenquelle darstellen, sollten Beschäftigte sich vor deren Nutzung grundsätzlich mit der IT des Arbeitsgebers in Verbindung setzen, um klären zu können, ob die notwendige Sicherheit gewährleistet ist.

Den **Verlust** von Daten und Geräten sollten Beschäftigte schnell melden. Nur so können Unternehmen zeitnah mit Maßnahmen wie das Ändern von Passwörtern oder das Sperren von Zugängen reagieren. Hilfreich ist, wenn klare **Meldewege** und **Ansprechpartner** im Unternehmen schriftlich vorliegen.

Wichtig: Arbeitgeber sollten alle relevanten Sicherheitsmaßnahmen in einer **verpflichtenden Sicherheitsrichtlinie** dokumentieren. Nur wer weiß, wo welche Gefahren lauern können und wie man diese so gut wie möglich vermeiden kann, kann sich auch entsprechend schützen.

3

HOMEOFFICE IM AUSLAND

ARBEITSRECHTLICHE BESONDERHEITEN BEI TÄTIGKEITEN AUS DEM AUSLAND

WICHTIGES AUF EINEN BLICK

Sind Beschäftigte für ihren in Deutschland ansässigen Arbeitgeber aus dem Ausland tätig, kann das Arbeitsrecht des Gastlandes Anwendung finden oder das deutsche Arbeitsrecht. Eine genaue Bezeichnung und Klärung der Tätigkeit sowie ein Blick auf die Gegebenheiten im Ausland sind daher wichtig.

Für Tätigkeiten, die vom Ausland aus erledigt werden, hat das deutsche Arbeitsrecht unterschiedliche Bezeichnungen:

- Kürze Aufenthalte gelten im Arbeitsrecht als **Abordnung** oder **Dienstreise.** Dabei dauern Dienstreise in der Regel nicht länger als 3 Monate.
- Mittelfristige Aufenthalte, die länger als 3 Monate, maximal jedoch 18 Monate dauern, gelten als **Entsendung**.
- Längere Aufenthalte werden als **Versetzung** bezeichnet. Davon spricht man, wenn ein Aufenthalt länger als 18 Monate dauert.

Sind Beschäftigte **vorübergehend** vom ausländischen Homeoffice aus tätig, müssen Unternehmen klären, welches Arbeitsrecht gilt. In der Regel gilt das Arbeitsrecht des Landes, in dem der **„gewöhnliche" Arbeitsort** liegt. Bei einer vorübergehenden Tätigkeit aus dem ausländischen Homeoffice für den in Deutschland ansässigen Arbeitgeber gilt demnach das **deutsche Arbeitsrecht.**

Wer **ausschließlich** aus dem ausländischen Homeoffice tätig ist, unterliegt dem **Arbeitsrecht des Gastlandes**. Denn der gewöhnliche Arbeitsort sowie der Schwerpunkt des Arbeitsverhältnisses liegen dann im Gastland. Wer das umgehen und dafür auf eine Vereinbarung für unabhängige Auftragnehmer zurückgreifen möchte, sollte **vorsichtig** sein. Zum einen gelten Beschäftigte dann als **Freelancer**, und Arbeitgeber haben keinerlei Weisungsrechte mehr. Zum anderen müssen dann die Bestimmungen des Gastlandes zur **Scheinselbstständigkeit** berücksichtigt werden.

In diesem Kapitel geht es konkret um:

- Beschäftigte, die vorübergehend aus dem Homeoffice im Ausland tätig sind (z. B. Ferienwohnung).
- Beschäftigte, die ausschließlich aus dem Homeoffice im Ausland tätig sind (ständiger Wohnsitz).

Wichtig: Für Beschäftigte, die vorübergehend aus dem ausländischen Homeoffice tätig sind, ändert sich in der Regel arbeitsrechtlich nichts. Das heißt, die Arbeitsbedingungen und Arbeitspflichten, die sie in Deutschland einhalten bzw. erfüllen müssen, gelten auch für das ausländische Homeoffice. Wer dauerhaft ins ausländische Homeoffice wechselt, fällt unter das Arbeitsrecht des Gastlandes.

DER RECHTSANWALT RÄT:

Vor dem Schritt ins Ausland sollten die klare Rechtswahl sowie das Recht, was Anwendung findet, geklärt werden. Fehlt nämlich eine solche Regelung, kommt es nach § 8 Absatz II Rom-I-VO 593/2008 auf den gewöhnlichen Arbeitsort an. Dann ist also entscheidend, an welchem Ort sich das Homeoffice befindet und ob es sich dabei um den gewöhnlichen Tätigkeitsort handelt. →

Es gibt aber noch mehr zu regeln – und zwar immer dann, wenn der Beschäftigte seine Arbeitsleistung länger als vier Wochen außerhalb Deutschlands erbringt. Nach § 2 Absatz 2 Nachweisgesetz müssen die Dauer der im Ausland auszuübenden Tätigkeit, die Gehaltsabrechnung und Vergütung sowie die Bedingungen der Rückkehr festgelegt werden.

Zusätzlich empfehle ich, den Arbeitsort im Ausland wie auch die Dauer der Arbeitsperioden im Wohnsitzland und im Ausland zu regeln. Letztlich sind – vor allem, wenn man das kollektivrechtlich (z. B. über eine Betriebsvereinbarung) regeln will – auch die bei dem inländischen Homeoffice anfallenden Punkte zu regeln. Hierzu zählen z. B. die Nennung der anspruchsberechtigten Beschäftigten, die Voraussetzungen für die Inanspruchnahme und die Beendigung, die Kostentragung, die Ausstattung, die Dokumentation der Arbeitszeit usw.

DEFINITION ARBEITSORT

WICHTIGES AUF EINEN BLICK

Das ausländische Homeoffice kann entweder innerhalb der Europäischen Union (EU) oder in einem nicht EU-Land liegen. Das ist vor allem bezüglich der Arbeitserlaubnis, der Sozialversicherung und der Steuern relevant.

Wer denkt, dem Arbeitgeber geht es nichts an, ob man von zu Hause oder aus dem Ausland tätig ist, irrt gewaltig. Arbeitgeber müssen **gesetzliche Vorschriften** einhalten – egal, ob der Arbeitsort des Beschäftigten im In- oder Ausland liegt. Und das können sie nur, wenn sie vom Arbeitsort des Beschäftigten Kenntnis haben. Ferner gelten für das ausländische Homeoffice **strenge rechtliche Rahmenbedingungen**. Dabei ist relevant, ob das Homeoffice **innerhalb der EU** oder in einem **nicht EU-Land** liegt.

Generell müssen sich Arbeitgeber und Beschäftigte bei Tätigkeiten aus einem ausländischen Homeoffice mit den Themen **Arbeitserlaubnis, Sozialversicherung, Steuern** und **Datenschutz** auseinandersetzen. Denn im Zweifel müssen im Ausland eine Arbeitserlaubnis beantragt sowie Sozialversicherungsbeiträge und Steuern abgeführt werden. Der Datenschutz muss immer eingehalten werden.

HOMEOFFICE IM AUSLAND INNERHALB DER EUROPÄISCHEN UNION (EU)

In der EU existiert die **Niederlassungsfreiheit**. Das heißt, EU-Bürger können sich in jedem Mitgliedsstaat niederlassen und dort arbeiten. In der Regel ist für sie nur eine Anmeldung beim Ausländeramt bzw. der Gemeinde notwendig.

Ferner braucht es die **A1-Bescheinigung**. Die nämlich regelt, ob Beschäftigte dem Recht des Gastgeberlandes oder dem des Heimatlandes unterliegen. Was bezüglich des Steuerrechts und der Sozialversicherung relevant ist, denn mit der A1-Bescheinigung wird eine Doppelbelastung von Beschäftigten vermieden.

Pendelt ein Beschäftigter hingegen zwischen seinem deutschen und seinem ausländischen Homeoffice (innerhalb der EU), verfügt er dabei noch über einen **Wohnsitz in Deutschlan**d und ist der **Unternehmenssitz** ebenfalls in Deutschland, gilt die **deutsche Sozialversicherung**.

Was bezüglich der **Steuer** gilt, hängt vom jeweiligen Land und der Arbeitsdauer ab. Wer **bis zu 183 Kalendertage** im ausländischen Homeoffice innerhalb der EU tätig ist sowie sein **Gehalt aus Deutschland** erhält, zahlt auch in Deutschland seine Steuern.

Wer **dauerhaft** aus dem Ausland (innerhalb der EU) tätig ist, muss auch im **Ausland seine Steuern zahlen**. Was nicht trivial ist, da das Steuerrecht innerhalb der EU unterschiedlich ist.

Wichtig: Die A1-Bescheinigung sollte vor dem Umzug ins Ausland beantragt werden. Dabei ist sie auch notwendig, wenn Beschäftigte immer mal wieder für ein paar Tage zum Arbeiten ins Heimatland kommen.

HOMEOFFICE IN NICHT-EU-LÄNDERN

In der Regel unterscheiden Länder zwischen **Visum** und **Arbeitserlaubnis**. Einige Länder bieten mittlerweile auch spezielle Visa für **digitale Nomaden** an. In welchem Land welche rechtlichen Regelungen existieren, müssen Betroffene im Einzelnen recherchieren. Auf keinen Fall sollte man mit einem **Touristenvisum** einreisen und vom ausländischen Homeoffice aus tätig sein. Das ist **illegal** und kann entsprechende **Strafen** zur Folge haben.

Während EU-Bürger innerhalb der EU zeitlich unbegrenzt arbeiten dürfen, sieht es außerhalb der EU ganz anders aus. Wie die unterschiedlichen Länder die **Aufenthalts- und Arbeitsbedingungen** regeln, muss jeweils recherchiert werden. Die USA zum Beispiel stellen Geschäftsreisenden ein B-Visum aus. Und wer von hier aus tätig sein möchte, muss entweder über eine Greencard oder ein Arbeitsvisum verfügen. Verfügt das Unternehmen über eine Niederlassung, ist ein Transfer-Visum möglich.

Ein weiterer wichtiger Aspekt ist die **Steuer**. So gibt es Länder, die keine Einkommenssteuer erheben. Hier zahlen meist Unternehmen die Abgaben – sofern sie über eine Niederlassung verfügen. Wo das nicht der Fall ist, kann es vorkommen, dass der Beschäftigte eine Ein-Personen-Firma gründen muss – was mit erheblichen Kosten verbunden sein kann.

Wichtig: Unternehmen sind gut beraten, wenn sie generell ihre im Ausland tätigen Beschäftigten beim Auswärtigen Amt registrieren lassen. So können Botschaften diese schnell benachrichtigen, sollte dies notwendig sein.

RISIKO BETRIEBSSTÄTTE

Nach Auffassung der OECD führt eine Tätigkeit aus dem **ausländischen Homeoffice** während der **Pandemie** nicht zu einer **Betriebsstätte** (siehe aktualisierter OECD-Leitfaden vom 21.01.2021 zu den Auswirkungen der Covid-19-Pandemie auf DBA). Und auch nach **Ende der Pandemie** führt die Tätigkeit aus dem ausländischen Homeoffice nicht zu einer Betriebsstätte des Unternehmens im Gastland – vorausgesetzt, der Beschäftigte verfügt über einen **Arbeitsplatz im Unternehmen**.

Steht dem Beschäftigten **kein Arbeitsplatz im Unternehmen** zur Verfügung, führt seine Tätigkeit aus dem ausländischen Homeoffice ebenfalls nicht zu einer Betriebsstätte – vorausgesetzt, der Beschäftigte übt nur **Tätigkeiten** aus, die **vorbereitender Art** bzw. **Hilfstätigkeiten** sind. Oder, wenn er von dort aus nur vorübergehend bzw. gelegentlich tätig ist.

Wer als deutscher Beschäftigter sein ausländisches Homeoffice in **Österreich** hat, muss **vorsichtig** sein. Dort geht man von einer Betriebsstätte aus, wenn die Tätigkeit zu mindestens 50 Prozent aus dem Homeoffice in Österreich erfolgt. In **Frankreich** führt das ausländische Homeoffice nicht zur Betriebsstätte, wenn Beschäftigte noch einen **Arbeitsplatz im Unternehmen** haben. Welche Regelungen in den verschiedenen Ländern existieren, muss individuell recherchiert werden.

Wichtig: Arbeitgeber, die ihren Beschäftigten das ausländische Homeoffice ermöglichen wollen, sollten vorab mit einem ausländischen Steuerberater das Risiko klären.

ARBEITSPLATZ UND ARBEITSPLATZAUSSTATTUNG: WER ZAHLT WOFÜR?

WICHTIGES AUF EINEN BLICK

Arbeitgeber sind auch für ausländische Homeoffice-Arbeitsplätze zuständig. Das heißt, sie müssen die Arbeitsplätze einrichten, die Kosten dafür übernehmen sowie die Einhaltung der gesetzlichen Bestimmungen überprüfen.

ARBEITSSTÄTTENVERORDNUNG (ARBSTÄTTV)

Arbeitgeber sind grundsätzlich für die Einrichtung der Arbeitsplätze **zuständig und verantwortlich**. Um gesundheitliche Beeinträchtigungen und Arbeitsunfälle zu verhindern, muss auch der ausländische Homeofficearbeitsplatz den **Arbeitsschutzvorschriften** entsprechen. Dabei müssen Arbeitgeber sich an die Vorgaben zur Gestaltung für **Bildschirmarbeitsplätze** halten sowie die Einhaltung dieser überprüfen.

Allerdings kann die **Überprüfung von Arbeitsplätzen** im ausländischen Homeoffice aufgrund der Entfernung problematisch sein. Damit eine **Gefährdungsbeurteilung** und eine **Unterweisung** (z. B. die korrekte Platzierung von Monitoren, die richtige Einstellung von Schreibtischstühlen etc.) dennoch erfolgen können, kann die arbeitsmedizinische und arbeitssicherheitstechnische Unterweisung – die für beide (!) Seiten wichtig ist – auch digital erfolgen (→ *Arbeitsplatzsicherheit durch Gefährdungsbeurteilung und Unterweisung, Seite 101*).

MOBILIAR UND BELEUCHTUNG

Arbeiten Beschäftigte vom ausländischen Homeoffice-Arbeitsplatz aus, müssen Arbeitgeber ihnen für diese Tätigkeit das notwendige Mobiliar und die Beleuchtung bereitstellen. Dabei haben sie dafür zu sorgen, dass die **Arbeitsplätze sicher gestaltet** sind.

Fraglich ist, ob Arbeitgeber ihr Einverständnis für das ausländische Homeoffice geben, wenn es nur vorübergehend ist. Der zeitliche Aufwand sowie die Kosten für das Einrichten können erheblich sein und somit in keinem Verhältnis stehen, wenn ein Beschäftigter lediglich für 4 Wochen seine Tätigkeit ins Ausland verlagern möchte. In solchen Fällen kann das mobile Arbeiten eine Alternative sein (→ *4. Kapitel „Mobile Arbeit im Ausland, Seite 107*).

HARD- UND SOFTWARE

Laut ArbStättV müssen Arbeitgeber auch ihren vom ausländischen Homeoffice tätigen Beschäftigten alle notwendigen Arbeitsgeräte und -utensilien sowie Kommunikationsmittel für den Homeofficearbeitsplatz zur Verfügung stellen. Dazu gehören in der Regel Smartphone, PC oder Laptop mit entsprechendem Zubehör wie z. B. Tastatur, Maus, Drucker und Software – letzteres muss die **Sicherheitsanforderungen** erfüllen (→ *1. Kapitel, Datenschutz und Datensicherheit, Seite 53*).

KOSTEN FÜR ARBEITSPLATZAUSSTATTUNG

Ob Büromöbel, Geräte, Arbeitsmaterial, Strom- und Heizkosten oder Telefon- und Internetkosten – für alle Aufwendungen des ausländischen Homeoffice-Arbeitsplatzes sind Arbeitgeber zuständig. Die für die Tätigkeit **notwendige Arbeitsplatzausstattung** können sie durch die Gefährdungsbeurteilung bestimmen (→ *1. Kapitel, Arbeitsplatzsicherheit durch Gefährdungsbeurteilung und Unterweisung, Seite 51*).

Bevor die Arbeit aus dem ausländischen Homeoffice beginnt, sollten Arbeitgeber und Beschäftigte den beruflich verursachten Anteil der Strom- und Heizkosten sowie der Telefon- und Internetkosten **schriftlich** festhalten.

HAFTUNG BEI SCHÄDEN

Laut des **Bürgerlichen Gesetzbuches** (BGB) müssen Beschäftigte haften, wenn sie einen Schaden verursachen. Das heißt, sie müssen Schadenersatz leisten, wenn sie vorsätzlich oder grob fahrlässig (also **schuldhaft**) ihre **arbeitsvertraglichen Pflichten verletzt** haben und hierdurch ein Schaden entstanden ist. Dabei bedeutet fahrlässig zu handeln, nicht so zu agieren, wie es von einem „normalen“ Beschäftigten verlangt werden kann.

Das **Bundesarbeitsgericht** (BAG) schränkt die Haftung für Beschäftigte für alle Tätigkeiten, die durch den Betrieb veranlasst sind, jedoch auf **Vorsatz** und in aller Regel auf **grobe Fahrlässigkeit** ein. Das heißt, bei leichter Fahrlässigkeit soll der Beschäftigte eben nicht haften. Bei normaler Fahrlässigkeit ist der Schaden in der Regel unter Berücksichtigung aller Umstände anteilig vom Beschäftigten und Arbeitgeber zu tragen. Erst bei grober Fahrlässigkeit und Vorsatz trägt der Beschäftigte die Hauptlast, unter Umständen sogar den gesamten Schaden (→ *1. Kapitel, Haftung bei Schäden, Seite 32*).

Bei Homeofficearbeitsplätzen – ob im In- oder Ausland – besteht ein gesteigertes Risiko für einen **Schaden durch Dritte** (z. B. Familie und Freunde). Steht der von Dritten verursachte Schaden in Zusammenhang mit der Homeoffice-Arbeit, sollte im Vorfeld eine Haftungsbegrenzung zugunsten Familienmitglieder bzw. Mitbewohnern vertraglich geregelt werden (z. B. durch eine individuelle haftungsrechtliche Vereinbarung). Schwieriger wird das bei Besuchern. Hier sollten Beschäftigte dafür sorgen, dass der Besuch nicht nah genug an Geräte und Materialien gelangen kann.

Führt das vom Arbeitgeber zur Verfügung gestellte **technische Equipment** zu einem Schaden (z. B. Brand oder Personenschäden), gilt die **deliktische Haftung** – auch **Verschuldenshaftung** bzw. **Unrechtshaftung** genannt. Das heißt, Arbeitgeber sind zu Schadenersatz und/oder Schmerzensgeld verpflichtet.

Gerade für das **vorübergehende ausländische Homeoffice** sollten Beschäftigte klären, ob ihre **Haftpflichtversicherung** bei einem Arbeitsaufenthalt im Ausland greift (insbesondere bei einem Einsatz im Nicht-EU-Ausland). Falls nicht, ist eine temporäre Aufstockung sinnvoll. Hier macht es Sinn, wenn Beschäftigte und Arbeitgeber gemeinsam nach einer Lösung suchen. Bei dem **dauerhaften ausländischen Homeoffice** wird der Beschäftigte nicht umhinkommen, eine Haftpflichtversicherung im Gastland abzuschließen.

ARBEITSZEIT: WAS SIEHT DAS GESETZ VOR?

WICHTIGES AUF EINEN BLICK

Wer vom ausländischen Homeoffice aus tätig ist, muss sich ebenfalls an das Arbeitszeitgesetz (ArbZG) halten. Das heißt, die Regelungen zu Höchstarbeitszeit, Ruhepausen und -zeiten sowie das Verbot von Sonn- und Feiertagsarbeit müssen eingehalten werden. Die Verantwortung dafür tragen Arbeitgeber.

ARBEITSZEITGESETZ

Beschäftigte, die vom ausländischen Homeoffice aus tätig sind, müssen sich ebenfalls an die Höchstgrenzen der täglichen Arbeitszeit halten sowie die Mindestdauer für **Ruhezeiten** und **Pausen** beachten. Auch gilt (bis auf Ausnahmen), dass Sonn- und Feiertage als **Arbeitsruhe** zu schützen sind. Deshalb sollten Mitarbeitende in der Regel auf das Checken von E-Mails sowie auf Telefonate in den späten Abendstunden verzichten. Das unterbricht die Ruhezeiten, die eingehalten werden müssen – und aus Erholungsgründen auch sollten! Und wenn nicht notwendig, sollten Beschäftigte auch nicht nach 22 Uhr oder nachts arbeiten (→ *1. Kapitel, Homeoffice im Inland, Seite 25*). Die **Verantwortung** für das Einhalten des ArbZG haben Arbeitgeber. Aber auch Beschäftigten sollte daran gelegen sein, die gesetzlichen Regelungen einzuhalten. Um das gewährleisten zu können, sind **klare Absprachen** sowie die **Erfassung von Arbeitszeiten** sinnvoll – vor allem, wenn zwischen Deutschland und dem Gastland eine enorme **Zeitverschiebung** existiert.

ZEITERFASSUNG

Beim Thema Zeiterfassung scheiden sich die Geister: Kritiker befürchten dadurch einen administrativen Mehraufwand, vor allem aber eine Einschränkung der flexiblen Arbeitsformen, ohne die eine Arbeitswelt mit Remote Work, Homeoffice, mobiler Arbeit usw. nicht möglich ist.

Dabei ist das Erfassen von Arbeitszeiten nicht nur aufgrund der EuGH- und BAG-Urteile gesetzlich vorgeschrieben (→ *Kapitel 1, Arbeitszeit: Was sieht das Gesetz vor?, Seite 34*). Es ist auch positiv und sollte von Beschäftigten nicht als Überwachung, sondern vielmehr als **Dokumentation** gesehen werden. Denn Arbeitgeber erhalten so eine Übersicht über die geleisteten Arbeitsstunden – und eben auch über die regelmäßigen Überstunden. Und genau diese **Transparenz** erschwert es Arbeitgebern, etwaige **Überstunden** konsequent zu ignorieren. Wird dafür ein objektives und zuverlässiges System eingesetzt, muss die Zeiterfassung auch nicht zum bürokratischen Monster werden. Auch muss ein solches System nicht zwangsläufig eine Hürde bei flexiblen Arbeitsformen darstellen – vor allem nicht, wenn hier auf **digitale Tools** gesetzt wird.

DER RECHTSANWALT RÄT:

Die EuGH- und BAG-Urteile zwingen Arbeitgeber, sämtliche Arbeitszeiten der Beschäftigten zu erfassen (Beschluss vom 13.9.2022, 1 ABR 21/22). Das heißt, Arbeitgeber müssen ein System zur Erfassung der täglichen Arbeitszeit (Beginn und Ende der Arbeitszeit sowie die Überstunden) einführen. Im Ausland ist besonders wichtig: Die Aufzeichnung der Arbeitszeiten kann elektronisch erfolgen sowie an die Beschäftigten delegiert werden. Damit ist nicht nur der Aufwand überschaubar, die Kontrolle ist auch über Landesgrenzen hinweg möglich. →

Es reicht dabei aber nicht aus, den Beschäftigten einfach ein Arbeitszeiterfassungssystem zur freiwilligen Nutzung zur Verfügung zu stellen. Eine Anweisung, eine zeitnahe Kontrolle sowie die Aufbewahrung der Daten sind erforderlich – auch im Ausland.

INDIVIDUELLE ARBEITSZEITMODELLE

Wünschen sich Beschäftigte, die vom ausländischen Homeoffice aus tätig sind, eine gewisse **Flexibilität** bezüglich ihrer Arbeitszeit, können sie die individuell mit ihrem Arbeitgeber vereinbaren. Ein gängiges Modell dafür ist die **Gleitzeit**: Beschäftigte teilen sich ihre Arbeitszeit innerhalb eines vorab definierten Zeitfensters selbst ein. Die Gleitzeit ist im Grunde das Gegenteil von einem starren 9-to-5-Job. Meist vereinbaren Arbeitgeber und Mitarbeitende eine Kernarbeitszeit, in der eine Erreichbarkeitspflicht existiert. Der Anfang und das Ende der Arbeitszeit aber werden von Beschäftigten selbst festgelegt.

Eine weitere Möglichkeit ist die **Vertrauensarbeitszeit**: Beschäftigte erledigen die vereinbarten Aufgaben, ohne dass die zeitliche Präsenz im Vordergrund steht. Da Arbeitszeiten hier nicht kontrolliert werden, ist die Vertrauensarbeitszeit das Gegenteil von der Stechuhr. Seit den Urteilen des EuGH und des BAG kann die Vertrauensarbeitszeit zwar noch umgesetzt werden. Jetzt aber müssen Arbeitgeber ihrer Verpflichtung zum Arbeitsschutz nachkommen und beim Überschreiten von Höchstarbeitszeiten und dem Nichteinhalten von Ruhezeiten tätig werden. Für was sich Beschäftigte und Arbeitgeber auch entscheiden, die Änderung von Umfang und Verteilung der Arbeitszeit muss und sollte schriftlich erfolgen. Entweder wird dafür der Arbeitsvertrag ergänzt oder eine Betriebsvereinbarung aufgesetzt (→ *Arbeitsvertrag: Worauf ist zu achten?, Seite 92*).

ARBEITSVERTRAG: WORAUF IST ZU ACHTEN?

WICHTIGES AUF EINEN BLICK

Bei einem vorübergehenden ausländischen Homeoffice bleibt das Arbeitsverhältnis, was in Deutschland geschlossen wurde, gültig. Das heißt, das deutsche Arbeitsrecht und der Arbeitsvertrag gelten weiterhin. Wird das ausländische Homeoffice zum dauerhaften Arbeitsplatz, muss der Arbeitsvertag entsprechend angepasst werden.

Ob bei einer **vorübergehenden** Verlegung des Arbeitsortes ins ausländische Homeoffice eine Zusatzvereinbarung zum Arbeitsvertrag geschlossen werden sollte, hängt auch davon ab, wie lange die Verlegung dauert. Um gewisse **Rahmenbedingungen** festzulegen, ist eine **Zusatzvereinbarung** empfehlenswert – vor allem, wenn die Verlegung länger als 4 Wochen dauern soll. Was die konkret enthalten soll, hängt vom Einzelfall ab. Mindestens aber sollte sie die sozialversicherungs- und steuerrechtlichen Hintergründe beinhalten.

Die **gesetzlichen Bestimmungen** bezüglich der Arbeitszeiten, der Überstunden, des Urlaubsanspruchs sowie des Kündigungsrechts gelten weiterhin für Beschäftigte, die **vorübergehend** aus dem ausländischen Homeoffice tätig sind. Vorausgesetzt, die Mitarbeiter haben einen in Deutschland vereinbarten Arbeitsvertrag.

ARBEITSVERTRAG, ZUSATZVEREINBARUNG ODER BETRIEBSVEREINBARUNG?

Ob vorübergehend oder dauerhaft – Rechtsanwälte empfehlen bei ausländischen Homeoffice-Arbeitsplätzen eine klare **Abstimmung** zwischen Arbeitgebern und Beschäftigten. Das heißt, die Bedingungen sollten generell **schriftlich festgehalten** werden. Das kann entweder über eine **Zusatzvereinbarung** zum Arbeitsvertrag erfolgen, per **Betriebsvereinbarung** festgehalten oder mit einem **gesonderten Arbeitsvertrag** geregelt werden.

Schriftlich festgehalten werden sollte:

- wie der ausländische Homeoffice-Arbeitsplatz ausgestattet ist (Mobiliar, Beleuchtung, Hard- und Software, Tools usw.)
- wie Arbeitsmittel verwahrt werden müssen, wenn sie nicht in Gebrauch sind
- wie die Kosten erfasst werden und wer welche trägt
- ob eine private Nutzung des ausländischen Homeoffice-Arbeitsplatzes erlaubt ist
- ob eine Nutzung der Arbeitsmittel auch außerhalb des Homeoffice erlaubt ist
- wie die Haftung geregelt ist
- wer das Gehaltsrisiko trägt
- wie die Arbeitszeit dokumentiert wird und ob es Erreichbarkeits- und Arbeitszeiten gibt
- an wie vielen Tagen im Jahr vom ausländischen Homeoffice aus gearbeitet werden darf, wenn Beschäftigte zwischen Deutschland und dem Gastland pendeln
- ob Bearbeitungsfristen für konkrete Aufgaben existieren
- wie der Datenschutz und die Datensicherheit gewährleistet werden →

- wie die Rückkehrregelungen (bei zum Beispiel technischen Störungen o. ä.) gestaltet sind
- und natürlich alle „auslandsspezifischen“ Angelegenheiten wie Steuern, Dauer im Ausland, Rückkehrklausel etc.

GEHALTSRISIKO

Eine weitere Besonderheit bei der Arbeit aus dem ausländischen Homeoffice ist das **Gehaltsrisiko.** Ist die Arbeit im Ausland beispielsweise aufgrund technischer Defekte oder Netz-Störungen nicht möglich, kann der Beschäftigte seine Arbeitsleistung nicht erfüllen. Im Betrieb liegt das **Betriebsrisiko** aufgrund technischer Defekte und Störungen – oder sonstiger von Beschäftigten nicht zu vertretener Gründe – beim Arbeitgeber (§ 615 Satz 3 BGB).

Für ausländische Homeoffice-Arbeitsplätze ist das (noch) **nicht gesetzlich geregelt**. Deshalb sollten die Konsequenzen für den Fall, dass die Arbeit längerfristig oder sogar dauerhaft nicht erledigt werden kann, ebenfalls **schriftlich** festgehalten werden. Dabei sollte diese Vereinbarung auch beinhalten, ob und ab wann der Arbeitgeber in solchen Fällen die **Rückkehr** in den Betrieb verlangen kann.

SOZIALVERSICHERUNG

Für die Sozialversicherung ist nicht der Ort entscheidend, an dem die Arbeit tatsächlich erledigt wird, sondern vielmehr, ob der Mitarbeitende in die **Arbeitsorganisation** des Unternehmens eingegliedert ist und ob er die **Weisungen** des Arbeitgebers befolgen muss. Daher sind ausländische Homeoffice-Arbeitsplätze Arbeitsplätze, die **ausgelagert** sind.

Und weil die Mitarbeitenden in einem abhängigen Beschäftigungsverhältnis tätig sind (und eben nicht in einer selbstständigen Tätigkeit), müssen Arbeitgeber auch alle beitrags- und melderechtlichen Verpflichtungen wie beispielsweise die Sozialversicherung einhalten.

DER RECHTSANWALT RÄT:

Schickt ein Arbeitgeber einen Beschäftigten vorübergehend ins Ausland, bleibt der Beschäftigte grundsätzlich im deutschen Sozialversicherungssystem. Erfolgt die Tätigkeit im Ausland allerdings auf Wunsch des Beschäftigten (setzt also der Mitarbeitende den Grund für die Auslandstätigkeit, nicht der Arbeitgeber) gilt nach Artikel 13 Absatz 1 VO (EG) Nr. 883/2004: der Beschäftigte bleibt nur in der deutschen Sozialversicherung versichert, wenn er:

1. regelmäßig in Deutschland und im ausländischen Homeoffice tätig ist
2. und seinen Wohnsitz in Deutschland hat
3. und
   a. mindestens 25 % seiner Tätigkeit in Deutschland ausübt
   b. oder weniger als 25 % seiner Tätigkeit in Deutschland ausübt und der Sitz des Arbeitgebers in Deutschland liegt.

Die DVKA (Deutsche Verbindungsstelle Krankenversicherung Ausland) bzw. der Spitzenverband der Krankenkassen Bund sollte hier unbedingt eingebunden werden. Die entscheiden letztlich, welches Sozialversicherungssystem angewendet werden muss. Wer unregelmäßig, marginal aus dem ausländischen Homeoffice tätig ist (davon spricht man, bei Tätigkeiten von weniger als ca. 5 % der Gesamtarbeitszeit), muss das deutsche Sozialversicherungsrecht anwenden.

MITWIRKUNGS- UND MITBESTIMMUNGSRECHTE DES BETRIEBSRATES

Betriebsräte sorgen in Unternehmen für die Einhaltung der Rechte von Beschäftigten. Grundlage dafür ist das **Betriebsverfassungsgesetz**, es regelt die Mitbestimmungsrechte von Betriebsräten in Unternehmen. Das heißt, Betriebsräte haben die Aufgabe, mögliche **Konflikte** zwischen Arbeitgebern und Beschäftigten zu lösen. Deshalb **überwachen** sie, dass Arbeitgeber geltende Gesetze, Verordnungen, Vorschriften, Verträge und Betriebsvereinbarungen auch einhalten (→ *1. Kapitel, Mitwirkungs- und Mitbestimmungsrechte des Betriebsrates, Seite 43*).

Mit dem im Frühjahr 2021 verabschiedeten **Betriebsrätemodernisierungsgesetz** hat der Gesetzgeber ein eigenes Mitbestimmungsrecht für die **Ausgestaltung mobiler Arbeit** geschaffen, was ein erweiterter gesetzlicher Unfallversicherungsschutz für Beschäftigte ist, die mobil arbeiten. Die Entscheidung, ob mobile Arbeit eingeführt wird, liegt aber weiterhin beim Arbeitgeber.

Wichtig: Ein Betriebsrat hat nur Mitwirkungs- und Mitbestimmungsrechte, wenn es um Maßnahmen geht, die alle Beschäftigten betreffen. Vereinbart ein Arbeitgeber hingegen mit einem einzelnen Mitarbeitenden die mobile Arbeit vom Ausland aus, hat der Betriebsrat diese Rechte nicht.

SICHERHEIT: WAS IST WICHTIG?

WICHTIGES AUF EINEN BLICK

Auch im ausländischen Homeoffice ist der Arbeitgeber verpflichtet, seine Beschäftigten vor drohenden Gefahren am Arbeitsplatz zu schützen. Das heißt, er muss ihnen mindestens den deutschen Arbeitsschutzstandard garantieren.

Bevor die Arbeit aus dem ausländischen Homeoffice vereinbart wird, müssen Arbeitgeber und Beschäftigte prüfen, ob alle Anforderungen zur **Sicherheit** und zum **Gesundheitsschutz** überhaupt eingehalten werden können. Denn neben der ArbStättV (→ *Arbeitsplatz und Arbeitsplatzausstattung: Wer zahlt wofür?, Seite 85*) muss auch das **Arbeitsschutzgesetzes** (ArbSchG) eingehalten werden. Dazu gehört, dass eine **Gefährdungsbeurteilung** durchgeführt werden muss (→ *Arbeitsplatzsicherheit durch Gefährdungsbeurteilung und Unterweisung, Seite 101*). Auch müssen Unternehmen die von ihnen getroffenen Maßnahmen auf ihre Wirksamkeit überprüfen und falls erforderlich nachbessern.

ARBEITSSCHUTZ

Arbeitgeber sind verpflichtet, ihre im ausländischen Homeoffice tätigen Beschäftigten zu schützen. Dafür müssen sie auch im Gastland mindestens den deutschen **Arbeitsschutzstandard** garantieren. Ist ein Beschäftigter von einem Gastland aus tätig, das über einen höheren Arbeitsschutzstandard als Deutschland verfügt, sind die im **Gastland** herrschenden Arbeitsschutzbedingungen die **Mindestnorm** – zumindest in wichtigen Teilbereichen. Denn der Arbeitsschutz dient der sicheren Gestaltung des Arbeitsplatzes – wo auch immer er sich befindet. Die Fürsorgepflicht des Arbeitgebers, die er gegenüber seinen Beschäftigten hat, verpflichtet ihn zur Einhaltung des Arbeitsschutzes.

Geregelt wird der Arbeitsschutz im **Arbeitsschutzgesetz** und in der **Arbeitsstättenverordnung**. Daneben existieren verbindliche, auf bestimmte Gefahrenquellen ausgerichtete **Unfallverhütungsvorschriften**, die die Träger der gesetzlichen Unfallversicherungen (meist die Berufsgenossenschaften) festlegen.

Das heißt, Arbeitgeber müssen alle notwendigen **Maßnahmen zum Arbeitsschutz** treffen. Dazu gehören unter anderem: die Gefahrenbeurteilung (→ *Arbeitsplatzsicherheit durch Gefährdungsbeurteilung und Unterweisung, Seite 101*), die Gestaltung und Organisation der Arbeit, die Bereitstellung der Mittel sowie die Information und Schulung von Mitarbeitenden und Führungskräften. **Verstoßen** Arbeitgeber gegen den Arbeitsschutz, droht ein **Bußgeld**. Mögliche **Schadenersatzansprüche** reduzieren sich hier auf **Sachschäden**, da für Personenschäden immer die gesetzlichen Unfallversicherungen haften. Einzige Ausnahme: Der Arbeitgeber verstößt vorsätzlich gegen den Arbeitsschutz.

Wichtig: Nicht nur der Arbeitgeber muss die Arbeitsschutzvorschriften beachten, sondern auch die Beschäftigten. Bei Verstößen kann der Arbeitgeber – je nach Schwere und Häufigkeit des Verstoßes – den Mitarbeitenden abmahnen oder ihm gar verhaltensbedingt kündigen.

Verstößt der Arbeitgeber gegen Arbeitsschutzvorschriften, droht jedoch nicht nur ein Bußgeld, Beschäftigte können bei schweren, die Sicherheit beeinträchtigenden Verstößen sogar die **Arbeit einstellen**. Das gilt auch, wenn Arbeitgeber oder Vorgesetzte Tätigkeiten verlangen, die gegen den Arbeitsschutz verstoßen.

GESETZLICHE UNFALLVERSICHERUNG

Beschäftigte, die für einen **begrenzten Zeitraum** für ihren Arbeitgeber aus dem ausländischen Homeoffice tätig sind, fallen auch weiterhin unter den **Schutz der gesetzlichen Unfallversicherung**. Vorausgesetzt, der Beschäftigte ist bei dem Unternehmen (mit **Hauptsitz Deutschland**) beschäftigt, und die Dauer der Auslandsbeschäftigung ist begrenzt auf **maximal 24 Monate**.

Diese Entsendung gilt für die Europäische Union, den Europäischen Wirtschaftsraum, die Schweiz und das Vereinigte Königreich. In Staaten, die mit Deutschland ein **Sozialversicherungsabkommen** abgeschlossen haben, gelten **länderspezifische Fristen**. So können Beschäftigte beispielsweise in Marokko bis zu 36 Monate bleiben, in Tunesien bis zu 12 Monate und in Mazedonien und Kroatien bis zu 24 Monate.

Wichtig: Besteht kein Versicherungsschutz, weil die Entsendefrist überschritten, der Auslandsaufenthalt unbefristet ist oder es kein Abkommen gibt, kann und sollte eine Auslandsversicherung abgeschlossen werden.

Ein **Betriebsunfall** liegt vor, wenn zwischen Unfall und versicherter Tätigkeit ein sachlicher Zusammenhang besteht. Ob es sich in den eigenen vier Wänden um einen Betriebsunfall oder um einen häuslichen Unfall handelt, hängt dabei stark vom Einzelfall ab. Denn hier gehen **berufliche und private Aktivitäten** ineinander über, was eine Abgrenzung schwierig macht.

Relevant ist daher, ob der Beschäftigte bei einer Tätigkeit verunglückte, die er ausgeübt hat, um seinem Job nachzugehen. Das heißt: Nicht der **Unfallort** ist entscheidend, sondern die Frage, ob die Handlung, die zum Unfall führte, in einem engen Zusammenhang mit den beruflichen Aufgaben und somit einer **versicherten Tätigkeit** steht.

Ist der Versicherungsfall eingetreten, können Betroffene über die gesetzliche Unfallversicherung in Deutschland **Leistungen im Gastland** beziehen. Eine ergänzende **private Unfallversicherung** schließt hier mögliche **Versicherungslücken**.

Hat ein Beschäftigter einen häuslichen Arbeitsunfall im Ausland und hat der eine **mehr als drei Tage** andauernde **Arbeitsunfähigkeit** zur Folge, muss der Arbeitgeber den Arbeitsunfall dem **Unfallversicherungsträger melden**. Zudem muss er eine Frist einhalten: Nachdem er vom Arbeitsunfall erfahren hat, muss er den Unfall innerhalb von **drei Kalendertagen** melden – der Unfalltag selbst zählt nicht dazu. Sind mehr als drei Personen betroffen oder ist gar eine Person tödlich verunglückt, muss die Berufsgenossenschaft **unverzüglich** vom Arbeitgeber informiert werden. Sinnvoll ist daher, wenn Beschäftigte bei Arbeitsunfällen ihre Arbeitgeber schnellstmöglich informieren. Sollten sie das nicht können, sollten Angehörige oder Mitarbeitende das übernehmen.

Wichtig: Damit die Kosten eines Arbeitsunfalls von der Berufsgenossenschaft übernommen werden, muss auch im Ausland vor dem ersten Arbeitseinsatz im ausländischen Homeoffice eine Gefährdungsbeurteilung durch den Arbeitgeber stattgefunden haben!

Nicht als Arbeitsunfall in privaten Räumen gelten auch im Ausland Unfälle, die auf dem Weg in die **Küche** und ins **Bad** passieren. Diese werden als **eigenwirtschaftliche Tätigkeit** (also als eine Tätigkeit, die der eigenen Versorgung dient) bewertet und sind nicht versichert. Im Gegensatz zum Betrieb: Dort nämlich fallen diese Wege unter den Schutz der gesetzlichen Unfallversicherung. Um eine Auseinandersetzung mit der Unfallversicherung zu vermeiden, sollten sich private Tätigkeiten im Homeoffice auf Pausen und die Freizeit beschränken.

Wichtig: Egal, ob schwerwiegende oder kleine Verletzung, der Unfall sollte unbedingt dokumentiert werden (Fotos, Notizen zu Unfallhergang und Zeiten). Gerade bei Spätfolgen kann damit eine Kostenübernahme für Behandlungen durch die Unfallversicherung leichter sein.

GESETZLICHE KRANKENVERSICHERUNG

Bezüglich der **gesetzlichen Krankenversicherung** können Beschäftigte, die **zeitlich begrenzt** aus dem ausländischen Homeoffice tätig sind, in Deutschland krankenversichert bleiben. Allerdings kommt die gesetzliche Krankenversicherung nur für die Kosten auf, die diese Behandlung in Deutschland gekostet hätte. Die höhere Differenz muss der Beschäftigte zahlen. Eine ergänzende **Auslandskrankenversicherung** (die im Zweifel auch für einen möglichen Rücktransport aufkommt) ist daher sinnvoll.

ARBEITSPLATZSICHERHEIT DURCH GEFÄHRDUNGSBEURTEILUNG UND UNTERWEISUNG

Alle Arbeitsschutzvorschriften des jeweiligen Gastlandes müssen beachtet werden. Das heißt aber auch, dass eine Gefährdungsbeurteilung, die ein Unternehmen nach deutschen Standards erstellt hat, in dem einen Land akzeptiert wird, in einem anderen jedoch nicht.

Deshalb sollten Arbeitgeber sich rechtzeitig bei dem Unfallversicherungsträger oder einer für den Arbeitsschutz zuständigen staatlichen Stelle des europäischen Gastlandes (zum Beispiel den **Focal Points**) informieren. Die Focal Points werden von den Regierungen als offizielle Vertreter der **EU-OSHA** in den einzelnen Ländern benannt. Sie sind also die beste Anlaufstelle rund um den Arbeitsschutz im europäischen Ausland.

Je nach Branche und Tätigkeit existieren unterschiedliche potenzielle Gefahren am Arbeitsplatz. Die **Gefährdungsbeurteilung** dient dazu, Beschäftigte vor diesen

Gesundheitsrisiken im ausländischen Homeoffice zu schützen. Laut ArbStättV sind Arbeitgeber dazu **verpflichtet**, eine Gefährdungsbeurteilung durchzuführen. In diesem Zusammenhang ist auch der Anhang Nr. 6 des § 3, der für **Bildschirmarbeitsplätze** gilt, wichtig. Ferner muss laut § 12 des ArbSchG die Gefährdungsbeurteilung erfolgen – und zwar bevor Beschäftigte ihre Tätigkeit in den eigenen vier Wänden aufnehmen.

Wie wichtig es ist, dass sich Arbeitgeber an ihre **Pflichten** halten, zeigt die **Haftung**: Setzen Arbeitgeber diese Pflicht nicht um, kommt die Berufsgenossenschaft im Falle eines Unfalls nicht für die anfallenden Kosten auf. Dafür muss dann der **Arbeitgeber haften**. Ferner muss er ein **Bußgeld** zahlen, im schlimmsten Fall droht gar eine **Freiheitsstrafe** – das gilt für Arbeitsunfälle im Betrieb und zu Hause!

Damit der Arbeitgeber in Deutschland den Arbeitsschutz auch im Ausland sicherstellen kann, sind vor dem ausländischen Homeoffice eine **Durchführungsplanung**, eine **Gefährdungsbeurteilung** sowie gegebenenfalls eine **Reiseplanung**, eine **medizinische Vorbereitung** (z. B. Impfungen) sowie ein Notfallplan wichtig. Das heißt, zu den für die jeweilige Arbeit üblichen Gefährdungen sollten auch **nationale Besonderheiten** wie beispielsweise unterschiedliche Arbeitsschutzstandards berücksichtigt werden.

Und weil in Notfällen die Zeit ein wichtiger Faktor ist, ist ein **Notfallplan** unabdingbar für Länder, in denen ein erhöhtes Risiko besteht. Festgelegt werden sollte darin, wie eine schnelle Rettung bzw. Evakuierung des Beschäftigten erfolgen kann, wo es eine geeignete ärztliche Versorgung gibt und wie Kommunikationswege aussehen.

UNTERWEISUNG ZUR ARBEITSSICHERHEIT

Bevor die Arbeit im ausländischen Homeoffice aufgenommen werden kann, muss eine **Unterweisung zur Arbeitssicherheit** erfolgen. Denn auch Beschäftigte tragen eine **Mitverantwortung** für die Sicherheit und den Gesundheitsschutz am ausländischen Homeoffice-Arbeitsplatz. Um das erfüllen zu können, müssen sie nicht nur ihre **Schutzpflichten** kennen, sie müssen auch entsprechend eingewiesen werden. Das heißt, sie müssen darüber informiert werden, wie der Arbeitsplatz sachgemäß aufgebaut wird, was die richtige Arbeitshaltung ist, wie Geräte richtig verwendet werden und wie Arbeitszeiten befolgt werden müssen – was **digital** erfolgen kann. Aus **Nachweisgründen** sollten sie ihrem Arbeitgeber bestätigen, dass sie ihre Schutzpflichten verstanden haben und auch umsetzen können.

DATENSCHUTZ UND DATENSICHERHEIT

Arbeitgeber sind grundsätzlich verpflichtet, den Datenschutz und die Datensicherheit sicherzustellen, Beschäftigte müssen diese umsetzen – egal, von wo aus sie tätig sind. Dazu gehört, betriebliche sowie personenbezogene Daten vor dem **Zugriff Fremder** zu schützen, weswegen notwendige Vorkehrungen zu treffen sind (→ *1. Kapitel, Datenschutz und Datensicherheit, Seite 53*).

In allen EU-Ländern und den EWR-Ländern gilt ebenfalls die **Datenschutz-Grundverordnung** (DSGVO). Und auch Länder mit **Angemessenheitsbeschluss** verfügen über einen vergleichbaren Datenschutz. Problematisch wird es für Arbeitgeber in Ländern ohne vergleichbaren Datenschutz. Denn sie müssen den **sicheren Datentransfer** (nach Art. 44 ff. DSGVO) gewährleisten können. Ist das nicht der Fall, liegt ein Verstoß gegen die DSGVO vor.

Im Unternehmen können Arbeitgeber eine Infrastruktur schaffen, die die bestmögliche Sicherheit bietet. Im ausländischen Homeoffice müssen sie daher ebenfalls ein Sicherheitsniveau schaffen, das mit dem im Unternehmen vergleichbar ist. Das heißt, Arbeitsgeräte wie Smartphone, Tablet, PC, Laptop usw. müssen über die **datenschutzrechtlichen Sicherheitsanforderungen** verfügen. Denn Arbeitgeber müssen nicht nur im Unternehmen, sondern auch im ausländischen Homeoffice die Daten der Beschäftigten sowie die von Dritten schützen. Und weil wichtige **Kontrollmaßnahmen** auf privaten Geräten stark eingeschränkt sind, sollten Arbeitgeber grundsätzlich notwendige Arbeitsgeräte zur Verfügung stellen.

Das bedeutet, Arbeitgeber müssen technische und organisatorische Maßnahmen zur Risikominimierung ergreifen:

- Interne Richtlinien bzgl. des Verhaltens bei Drittlandsaufenthalten aufsetzen
- Personenbezogene Daten generell nur verschlüsselt lokal auf den Endgeräten der Beschäftigten abspeichern. Aber Vorsicht: Es gibt Länder, in denen der Zoll das Mitführen von Geräten mit verschlüsselten Inhalten, die auf Aufforderung nicht zu entschlüsseln sind, nicht erlauben
- Pseudonymisierung von Daten
- VPN für das Abrufen von Unternehmensressourcen
- Zu guter Letzt muss auch der Einbruch- und Zutrittsschutz gewährleistet sein. Das heißt nicht, dass Beschäftigte ihr Zuhause nachrüsten müssen. Vielmehr geht es hier darum, die getroffenen Vereinbarungen (Fenster und Türen verschließen, abschließbare Behältnisse nutzen, sensible Unterlagen schützen usw.) auch umzusetzen

4

MOBILE ARBEIT IM AUSLAND

ARBEITSRECHTLICHE BESONDERHEITEN BEI DER MOBILEN ARBEIT AUS DEM AUSLAND

WICHTIGES AUF EINEN BLICK

Wie bei der Arbeit aus dem ausländischen Homeoffice, gilt auch bei der mobilen Arbeit aus dem Ausland: Sind Beschäftigte für ihren in Deutschland ansässigen Arbeitgeber aus dem Ausland tätig, kann das Arbeitsrecht des Gastlandes Anwendung finden oder das deutsche Arbeitsrecht. Eine genaue Bezeichnung und Klärung der Tätigkeit sowie der Gegebenheiten im Ausland sind daher wichtig.

Durch die Corona-Pandemie entwickelte sich eine neue Urlaubs- und Arbeitsform, die **Workation**. Aus den englischen Begriffen „Work" (Arbeit) und „Vacation" (Urlaub) entwickelte sich das **mobile Arbeiten** aus dem **europäischen** sowie **weltweiten Ausland**. Doch das deutsche (Arbeits-)Recht setzt dieser Arbeitsform Grenzen. Das heißt, Arbeitgeber müssen für das mobile Arbeiten aus dem europäischen sowie weltweiten Ausland **Regelungen** definieren, die die rechtlichen **Risiken** berücksichtigen – unabhängig davon, ob ein Beschäftigter vorübergehend oder dauerhaft vom **europäischen** oder **weltweiten Ausland** aus tätig ist (→ *Arbeitsvertrag: Worauf ist zu achten?, Seite 118*).

Sind Beschäftigte **vorübergehend** mobil aus dem Ausland tätig, müssen Unternehmen klären, welches Arbeitsrecht gilt. In der Regel gilt das Arbeitsrecht des Landes, in dem der **„gewöhnliche" Arbeitsort** liegt. Bei einer vorübergehenden

Tätigkeit aus dem Ausland für den in Deutschland ansässigen Arbeitgeber gilt demnach das **deutsche Arbeitsrecht**.

Wer **ausschließlich** aus dem Ausland tätig ist, unterliegt dem **Arbeitsrecht des Gastlandes**. Denn der gewöhnliche Arbeitsort sowie der Schwerpunkt des Arbeitsverhältnisses liegen im Gastland. Wer das umgehen und dafür auf eine Vereinbarung für unabhängige Auftragnehmerinnen und Auftragnehmer zurückgreifen möchte, sollte **vorsichtig** sein. Zum einen gelten Beschäftigte dann als Freelancer, und Arbeitgeber haben keinerlei Weisungsrechte mehr. Zum anderen müssen dann die Bestimmungen des Gastlandes zur **Scheinselbstständigkeit** berücksichtigt werden.

Komplizierter wird es, wenn Beschäftigte in **verschiedenen Ländern** mobil tätig sind. Dann ist entscheidend, wo regelmäßig die mobile Arbeit erledigt wird. Ist das nicht möglich, weil ein Beschäftigter beispielsweise immer nur vorübergehend in einem Land verweilt, findet das Recht Anwendung, in dem der Arbeitgeber seinen Firmensitz hat. Hat der Arbeitgeber also seinen Sitz in Deutschland, fällt der Beschäftigte unter das **deutsche Arbeitsrecht**.

DEFINITION ARBEITSORT

WICHTIGES AUF EINEN BLICK

Der mobile Arbeitsplatz kann entweder innerhalb der Europäischen Union (EU) oder in einem nicht EU-Land liegen. Das ist vor allem bezüglich der Arbeitserlaubnis, der Sozialversicherung und der Steuern relevant.

Auch im Ausland ist die mobile Arbeit grundsätzlich vom ausländischen Homeoffice-Arbeitsplatz abzugrenzen. Beim ausländischen Homeoffice sind Arbeitgeber (wie in Deutschland auch) verpflichtet, den Arbeitsplatz einzurichten sowie die Arbeitszeit und die Dauer des ausländischen Homeoffice zu vereinbaren (→ *3. Kapitel, Homeoffice im Ausland, Seite 77*).

Wer **mobil tätig** ist, hat in der Regel jedoch **keinen Arbeitsplatz**. Das heißt, Beschäftigte sind nicht aus dem ausländischen Homeoffice tätig, sondern als sogenannte **Nomaden** unterwegs. Und weil sie ihre Arbeitsleistung **ortsunabhängig** am **mobilen Equipment** erbringen, sind sie auch für die Einrichtung ihres Arbeitsplatzes selbst verantwortlich. Dieser kann im Ausland im Co-Working-Space, Café, Wohnmobil, der Bahn, bei Kunden oder Lieferanten sein. Das heißt, mobil Beschäftigte arbeiten nicht von einem fest eingerichteten Arbeitsplatz, sondern grundsätzlich mit ihrem mobilen Equipment. Dabei müssen Arbeitgeber **strenge rechtliche Rahmenbedingungen** einhalten. Ferner ist relevant, ob der mobile Arbeitsplatz innerhalb der EU oder in einem **Nicht-EU-Land** liegt.

Grundsätzlich müssen sich Arbeitgeber und Beschäftigte bei Tätigkeiten aus dem Ausland mit den Themen **Arbeitserlaubnis, Sozialversicherung, Steuern** und **Datenschutz** auseinandersetzen. Denn im Zweifel müssen im Ausland eine Arbeitserlaubnis beantragt sowie Sozialversicherungsbeiträge und Steuern abgeführt werden. Der Datenschutz muss dabei immer eingehalten werden.

MOBILE ARBEIT INNERHALB DER EUROPÄISCHEN UNION (EU)

In der EU existiert die **Niederlassungsfreiheit**. Das heißt, EU-Bürgerinnen und -Bürger können sich in jedem Mitgliedsstaat niederlassen und dort arbeiten. In der Regel ist für sie nur eine Anmeldung beim Ausländeramt bzw. der Gemeinde nötig.

Ferner müssen Beschäftigte eine **A1-Bescheinigung**, die den Tätigkeitszeitraum im Ausland abdeckt, mit sich führen. Die nämlich regelt, ob Beschäftigte dem Recht des Gastgeberlandes oder dem Recht des Heimatlandes unterliegen. Was bezüglich des Steuerrechts und der Sozialversicherung relevant ist, denn mit der A1-Bescheinigung wird eine Doppelbelastung von Beschäftigten vermieden.

Pendelt ein Beschäftigter hingegen zwischen Deutschland und dem Ausland (innerhalb der EU), verfügt er dabei noch über einen **Wohnsitz in Deutschland** und ist der **Unternehmenssitz** ebenfalls in Deutschland, gilt die **deutsche Sozialversicherung**.

Was bezüglich der **Steuer** gilt, hängt vom jeweiligen Land und der Arbeitsdauer ab. Wer bis **zu 183 Kalendertage** im Ausland (innerhalb der EU) tätig ist sowie sein **Gehalt aus Deutschland** erhält, zahlt auch in Deutschland seine Steuern. Wer **dauerhaft** aus dem Ausland (innerhalb der EU) tätig ist, muss auch im **Ausland seine Steuern** zahlen. Was nicht trivial ist, da das Steuerrecht innerhalb der EU unterschiedlich ist.

MOBILE ARBEIT AUS NICHT-EU-LÄNDERN

In der Regel unterscheiden Länder zwischen **Visum** und **Arbeitserlaubnis**. Einige Länder bieten mittlerweile auch spezielle Visa für **digitale Nomaden** an. In welchem Land welche rechtlichen Regelungen existieren, müssen Betroffene im Einzelnen recherchieren. Auf keinen Fall sollte man mit einem Touristenvisum einreisen und von dort aus tätig sein. Das ist illegal und kann entsprechende Strafen zur Folge haben.

Während EU-Bürgerinnen und -Bürger innerhalb der EU zeitlich unbegrenzt arbeiten dürfen, sieht es außerhalb der EU ganz anders aus. Wie die unterschiedlichen Länder die **Aufenthalts- und Arbeitsbedingungen** regeln, muss jeweils geprüft werden. Die USA zum Beispiel stellen Geschäftsreisenden ein B-Visum aus. Wer von hier aus tätig sein möchte, muss entweder über eine Greencard oder ein Arbeitsvisum verfügen. Verfügt das Unternehmen über eine Niederlassung, ist ein Transfer-Visum möglich.

Ein weiterer wichtiger Aspekt ist die **Steuer**. So gibt es Länder, die keine Einkommenssteuer erheben. Hier zahlen meist Unternehmen die Abgaben – sofern sie über eine Niederlassung verfügen. Wo das nicht der Fall ist, kann es vorkommen, dass der Beschäftigte eine Ein-Personen-Firma gründen muss – was mit erheblichen Kosten verbunden sein kann.

SO MACHEN ES DIE UNTERNEHMEN:

SAP

SAP setzt auf ein hybrides Arbeitsmodell: Die weltweit Beschäftigten können entscheiden, wann und von wo sie tätig sind. Bis zu 30 Tage pro Jahr können sie sogar vom Ausland aus tätig sein.

ALLIANZ

Bis zu 25 Tage pro Jahr können Beschäftigte der Allianz vom Ausland aus tätig sein – vorausgesetzt, die rechtlichen Bedingungen des ausländischen Wunschlandes stehen dem nicht entgegen.

ARBEITSPLATZ UND ARBEITSPLATZAUSSTATTUNG: WER ZAHLT WOFÜR?

WICHTIGES AUF EINEN BLICK

Arbeitgeber müssen bei mobil aus dem Ausland tätigen Beschäftigten zwar nicht die Arbeitsstättenverordnung umsetzen, sie sind aber verpflichtet, die arbeitsschutzrechtlichen Vorschriften zu beachten.

ARBEITSSTÄTTENVERORDNUNG (ARBSTÄTTV)

Die ArbStättV muss von Arbeitgebern bei **mobil aus dem Ausland** tätigen Beschäftigten nicht umgesetzt werden, da es ist für sie nicht möglich ist, die **Arbeitsplatzsicherheit** an einem mobilen Arbeitsplatz zu gewährleisten. Dementsprechend wird die Einrichtung des mobilen Arbeitsplatzes auch nicht über die Arbeitsstättenverordnung geregelt. Das heißt, der Beschäftigte richtet sich nach Vorgaben des Arbeitgebers seinen mobilen Arbeitsplatz selbst ein.

Die arbeitsschutzrechtlichen Vorschriften wie die **Gefährdungsbeurteilung,** die **Unterweisung** des Beschäftigten sowie die **Betriebssicherheitsverordnung** gelten bei mobilen Arbeitsplätzen im Ausland – wenn auch teilweise nur eingeschränkt – dennoch! Das heißt, Arbeitgeber müssen hier die Prüf- und Dokumentationspflichten beachten (→ *Datenschutz und Datensicherheit, Seite 129*).

HARD- UND SOFTWARE

Beschäftigte, die mobil vom Ausland aus tätig sind, benötigen zwar keinen fest eingerichteten Arbeitsplatz. Sie brauchen allerdings in der Regel einen Laptop, ein Smartphone, gegebenenfalls ein Headset sowie Software, die die **Sicherheitsanforderungen** erfüllen müssen. Letzteres ist **nicht trivial**, weshalb hier vor allem die IT-Abteilungen der Unternehmen gefordert sind. Denn das Risiko von **Datenschutzverstößen** oder einer **Verletzung von Betriebs- und Geschäftsgeheimnissen** ist bei mobil aus dem Ausland tätigen Beschäftigten höher als bei Mitarbeitenden, die aus dem Unternehmen oder dem ausländischen Homeoffice tätig sind (→ *Datenschutz und Datensicherheit, Seite 129*).

KOSTEN FÜR ARBEITSPLATZAUSSTATTUNG

Wie beim ausländischen Homeoffice tragen Arbeitgeber auch bei mobil aus dem Ausland tätigen Beschäftigten die **Anschaffungskosten** für das mobile Equipment. Die **notwendige Arbeitsplatzausstattung** können sie durch die Gefährdungsbeurteilung bestimmen (→ *Arbeitsplatzsicherheit durch Gefährdungsbeurteilung und Unterweisung, Seite 127*).

Bevor die mobile Arbeit aus dem Ausland beginnt, sollten Arbeitgeber und Beschäftigte die **beruflich verursachten Kosten** schriftlich festhalten. Weil vor allem die Internet- und Telefonkosten aus dem Ausland höher sein können als in Deutschland, bietet sich eine **monatliche Kostenpauschale** an, die alle laufenden Kosten abdeckt.

HAFTUNG BEI SCHÄDEN

Beschädigt ein Beschäftigter das mobile Equipment des Arbeitgebers, gelten auch im Ausland die **Haftungsprivilegien**. Das heißt, Beschäftigte müssen Schadenersatz leisten, wenn sie vorsätzlich oder grob fahrlässig (also **schuldhaft**) ihre **arbeitsvertraglichen Pflichten verletzt** haben und hierdurch ein Schaden entstanden ist. Dabei bedeutet fahrlässig zu handeln, nicht so zu agieren, wie es von einem „normalen" Beschäftigten verlangt werden kann (→ *1. Kapitel, Haftung bei Schäden, Seite 32*).

Führt das vom Arbeitgeber zur Verfügung gestellte technische Equipment zu einem Schaden (z. B. Brand oder Personenschäden), gilt auch hier die **deliktische Haftung**. Das heißt, Arbeitgeber sind zu Schadenersatz und/oder Schmerzensgeld verpflichtet. Deshalb sind Arbeitgeber und Beschäftigte gut beraten, wenn sie vor der Aufnahme der mobilen Arbeit aus dem Ausland das finanzielle Risiko durch den Abschluss einer entsprechenden **Versicherung** begrenzen.

ARBEITSZEIT: WAS SIEHT DAS GESETZ VOR?

WICHTIGES AUF EINEN BLICK

Wer mobil aus dem Ausland arbeitet, muss sich ebenfalls an das Arbeitszeitgesetz (ArbZG) halten. Das heißt, die Regelungen zu Höchstarbeitszeit, Ruhepausen und -zeiten sowie das Verbot von Sonn- und Feiertagsarbeit müssen eingehalten werden. Die Verantwortung dafür tragen Arbeitgeber.

ARBEITSZEITGESETZ

Auch bei der mobilen Arbeit aus dem Ausland müssen sich Unternehmen wie Beschäftigte an die **Höchstgrenzen** der täglichen Arbeitszeit halten sowie die Mindestdauer für **Ruhezeiten** und **Pausen** beachten. Ferner gilt (bis auf Ausnahmen), dass Sonn- und Feiertage als **Arbeitsruhe** zu schützen sind (→ *1. Kapitel, Arbeitszeitgesetz, Seite 34*).

Das heißt, Beschäftigte dürfen auch unterwegs werktags nicht mehr als acht Stunden arbeiten, und zwischen den Arbeitseinheiten muss eine **Ruhezeit** von elf Stunden eingehalten werden (§ 5 Abs. 1 ArbZG). Was in der Praxis bei Beschäftigten, die mobil vom Ausland aus tätig sind, problematisch sein kann. Denn wer örtlich entgrenzt ist, kann bei jeder Gelegenheit wie beispielsweise Flügen, Bahnfahrten, Wartezeiten usw. E-Mails checken sowie Telefonate führen. Das Risiko, hier gegen die Ruhezeiten zu verstoßen ist groß. Und die **Verantwortung** dafür tragen Arbeitgeber!

Daher müssen Arbeitgeber zum einen **klare Absprachen** mit ihren Beschäftigten treffen und auf die **Erfassung von Arbeitszeiten** bestehen. Zum anderen sollten sie ihre Mitarbeitenden dafür sensibilisieren, ebenfalls darauf zu achten, dass sie das ArbZG einhalten müssen.

ZEITERFASSUNG

Arbeitgeber sollten Beschäftigte, die mobil vom Ausland aus tätig sind, verpflichten, selbst Aufzeichnungen zu Beginn, Pausen und Ende der Arbeitszeit zu erstellen. Vor dem Hintergrund des BAG-Urteils (→ *1. Kapitel, Arbeitszeitgesetz, Seite 34*) werden zukünftig sicher elektronische Systeme sowie Zeiterfassungs-Apps diese Dokumentation erleichtern.

Dabei sollten Beschäftigte das Erfassen von Arbeitszeiten **nicht negativ** bewerten oder gar als Überwachung ihrer Arbeitgeber deuten. Zum einen sind Arbeitgeber verpflichtet, die gesetzlichen Arbeitszeiten einzuhalten und für die Umsetzung verantwortlich. Zum anderen dient diese **Dokumentation** Arbeitgebern als eine Übersicht über die geleisteten Überstunden. Und genau diese **Transparenz** erschwert es Arbeitgebern, etwaige **Überstunden** konsequent zu ignorieren.

INDIVIDUELLE ARBEITSZEITMODELLE

Beschäftigte, die mobil vom Ausland aus tätig sind, entscheiden in der Regel selbst, wann und wie sie tätig sind. Daher sind für diese Beschäftigten weniger individuelle Arbeitszeitmodelle wichtiger. Für sie ist wesentlich relevanter, vorab Erreichbarkeitszeiten festzulegen.

ARBEITSVERTRAG: WORAUF IST ZU ACHTEN?

WICHTIGES AUF EINEN BLICK

Vereinbaren Arbeitgeber und Beschäftigte die mobile Arbeit aus dem Ausland, sollten sie das schriftlich tun. Eine Zusatzvereinbarung zum Arbeitsvertrag, eine Betriebsvereinbarung oder ein gesonderter Arbeitsvertrag sollten dabei die wichtigsten Aspekte aufführen.

ARBEITSVERTRAG, ZUSATZVEREINBARUNG ODER BETRIEBSVEREINBARUNG?

Sind Beschäftigte mobil aus dem Ausland tätig, benötigt diese Arbeitsform eine klare **Abstimmung** zwischen Arbeitgebern und Beschäftigten. Das heißt, grundsätzlich sollten Regelungen zur mobilen Arbeit (ob im In- oder Ausland) – wenn sie nicht bereits Bestandteil eines Tarifvertrages sind – im Arbeitsvertrag oder einer Betriebsvereinbarung getroffen werden. In Unternehmen mit einem **Betriebsrat** ist dieser mitbestimmungspflichtig – vorausgesetzt, die Maßnahme betrifft alle Beschäftigten (→ *Mitwirkungs- und Mitbestimmungsrechte des Betriebsrates, Seite 122*). Dann sollten Arbeitgeber gemeinsam mit dem Betriebsrat eine Betriebsvereinbarung zur mobilen Arbeit im Ausland gestalten.

Schriftlich festgehalten werden sollte:

- was das mobile Equipment alles beinhaltet (Hard- und Software, Tools usw.)
- wie Arbeitsmittel transportiert und verwahrt werden müssen, wenn sie nicht in Gebrauch sind
- wie die Kosten erfasst werden und wer welche trägt
- ob eine private Nutzung der Arbeitsmittel erlaubt ist
- wie die Haftung geregelt ist
- wer das Gehaltsrisiko trägt
- wie die Arbeitszeit dokumentiert wird und ob es Erreichbarkeits- und Arbeitszeiten gibt
- ob Bearbeitungsfristen für konkrete Aufgaben existieren
- wie der Datenschutz und die Datensicherheit gewährleistet werden
- wie die Rückkehrregelungen (bei z. B. technischen Störungen o. ä.) gestaltet sind.

WORKATION

Bei der Workation ist zunächst wichtig, die Dauer festzulegen. Ist diese kürzer als vier Wochen, gibt es in der Regel keinen arbeitsrechtlichen Handlungsbedarf. Geprüft werden sollte jedoch, ob es für Beschäftigte legal ist, in dem Urlaubsland zu arbeiten. Das heißt, im Zweifel ist ein Aufenthaltstitel und/oder eine Arbeitserlaubnis notwendig.

Befindet sich der Ort für die Workation innerhalb der EU, stellt das für EU-Bürgerinnen und -Bürger aufgrund der Niederlassungsfreiheit kein Problem dar. Geklärt werden müssen allerdings die arbeitsrechtlichen Anforderungen (z. B. Arbeitszeit- und Pausenregelungen, Vergütungsvorschriften usw.) im Urlaubsland. Die nämlich müssen von Arbeitgeber und Beschäftigten eingehalten werden (→ *Definition Arbeitsort, Seite 110*).

GEHALTSRISIKO

Eine weitere Besonderheit bei der mobilen Arbeit aus dem Ausland ist die Frage, wer das **Gehaltsrisiko** trägt, wenn die Arbeit aufgrund technischer Defekte oder Netz-Störungen nicht möglich ist. Im Betrieb liegt das **Betriebsrisiko** aufgrund technischer Defekte und Störungen – oder sonstiger von Beschäftigten nicht zu vertretener Gründe – beim Arbeitgeber (§ 615 Satz 3 BGB). Für die mobile Arbeit aus dem Ausland ist das (noch) **nicht gesetzlich geregelt.**

Deshalb sollten die Konsequenzen für den Fall, dass die Arbeit längerfristig oder sogar dauerhaft nicht erledigt werden kann, ebenfalls **schriftlich** festgehalten werden. Dabei sollte diese Vereinbarung auch beinhalten, **ob und ab wann** der Arbeitgeber in solchen Fällen die **Rückkehr** in den Betrieb verlangen kann. Oder ob und welche anderen Alternativen zur Verfügung stehen.

SOZIALVERSICHERUNG

Für die Sozialversicherung ist nicht der Ort entscheidend, an dem die Arbeit tatsächlich erledigt wird, sondern vielmehr, ob der Mitarbeitende in die **Arbeitsorganisation** des Unternehmens eingegliedert ist und ob er die **Weisungen** des Arbeitgebers befolgen muss. Daher gelten mobile Arbeitsplätze im Ausland als **ausgelagert.** Und weil die Mitarbeitenden in einem abhängigen Beschäftigungsverhältnis tätig sind (und eben nicht in einer selbstständigen Tätigkeit), müssen Arbeitgeber auch alle beitrags- und melderechtlichen Verpflichtungen wie beispielsweise die Sozialversicherung einhalten.

Dies gilt jedoch nur für EU-Bürgerinnen und -Bürger, die in der EU, dem Europäischen Wirtschaftsraum oder der Schweiz mobil arbeiten wollen. Wer seinen mobilen Arbeitsplatz in ein anderes Land verlegen möchte, muss sich mit den dortigen Aufenthalts- und Arbeitsbedingungen auseinandersetzen (→ *Definition Arbeitsort, Seite 110*).

DER RECHTSANWALT RÄT:

Schickt ein Arbeitgeber einen Beschäftigten vorübergehend ins Ausland, bleibt der Beschäftigte grundsätzlich im deutschen Sozialversicherungssystem. Erfolgt die Tätigkeit im Ausland allerdings auf Wunsch des Beschäftigten (setzt also der Mitarbeitende den Grund für die Auslandstätigkeit, nicht der Arbeitgeber), gilt nach Artikel 13 Absatz 1 VO (EG) Nr. 883/2004: Der Beschäftigte bleibt nur in der deutschen Sozialversicherung versichert, wenn er:

1. regelmäßig in Deutschland und im ausländischen Homeoffice tätig ist
2. und seinen Wohnsitz in Deutschland hat
3. und
   a. mindestens 25 % seiner Tätigkeit in Deutschland ausübt
   b. oder weniger als 25 % seiner Tätigkeit in Deutschland ausübt und der Sitz des Arbeitgebers in Deutschland liegt.

Die DVKA (Deutsche Verbindungsstelle Krankenversicherung Ausland) bzw. der Spitzenverband der Krankenkassen Bund sollte hier unbedingt eingebunden werden. Die entscheiden letztlich, welches Sozialversicherungssystem angewendet werden muss. Wer unregelmäßig, marginal aus dem ausländischen Homeoffice tätig ist (davon spricht man, bei Tätigkeiten von weniger als ca. 5 % der Gesamtarbeitszeit), muss das deutsche Sozialversicherungsrecht anwenden.

MITWIRKUNGS- UND MITBESTIMMUNGSRECHTE DES BETRIEBSRATES

Betriebsräte sorgen in Unternehmen für die Einhaltung der Rechte von Beschäftigten. Grundlage dafür ist das Betriebsverfassungsgesetz, es regelt die Mitbestimmungsrechte von Betriebsräten in Unternehmen. Das heißt, Betriebsräte haben die Aufgabe, mögliche Konflikte zwischen Arbeitgebern und Beschäftigten zu lösen. Deshalb überwachen sie, dass Arbeitgeber geltende Gesetze, Verordnungen, Vorschriften, Verträge und Betriebsvereinbarungen auch einhalten (→ *1. Kapitel, Mitwirkungs- und Mitbestimmungsrechte des Betriebsrates, Seite 43*).

Mit dem im Frühjahr 2021 verabschiedeten **Betriebsrätemodernisierungsgesetz** hat der Gesetzgeber ein eigenes Mitbestimmungsrecht für die **Ausgestaltung mobiler Arbeit** geschaffen, was ein erweiterter gesetzlicher Unfallversicherungsschutz für Beschäftigte ist, die mobil arbeiten. Die Entscheidung, ob mobile Arbeit eingeführt wird, liegt aber weiterhin beim Arbeitgeber.

Wichtig: Ein Betriebsrat hat nur Mitwirkungs- und Mitbestimmungsrechte, wenn es um Maßnahmen geht, die alle Beschäftigten betreffen. Vereinbart ein Arbeitgeber hingegen mit einem einzelnen Mitarbeitenden die mobile Arbeit vom Ausland aus, hat der Betriebsrat diese Rechte nicht.

SICHERHEIT: WAS IST WICHTIG?

WICHTIGES AUF EINEN BLICK

Wer mobil vom Ausland aus arbeitet, kann von überall aus tätig sein. Das heißt, die Gefährdungsbeurteilung gestaltet sich schwieriger. Auch ist bei der mobilen Nutzung von Laptops, Smartphones, Tablets usw. die Gefahr besonders groß, dass Bildschirme ausgespäht, Telefonate abgehört, Geräte gestohlen werden oder verloren gehen. Hier müssen Arbeitgeber vorbeugen.

Bevor die mobile Arbeit aus dem Ausland vereinbart wird, müssen Arbeitgeber und Beschäftigte prüfen, ob alle Anforderungen zur Sicherheit und zum Gesundheitsschutz überhaupt eingehalten werden können. Denn neben dem Einhalten des Arbeitsschutzgesetzes (ArbSchG) muss auch eine Gefährdungsbeurteilung durchgeführt werden (→ *Arbeitsplatzsicherheit durch Gefährdungsbeurteilung und Unterweisung, Seite 127*).

ARBEITSSCHUTZ

Arbeitgeber müssen auch im Gastland mindestens den **deutschen Arbeitsschutzstandard** garantieren. Ist ein Beschäftigter von einem Gastland aus tätig, das über einen höheren Arbeitsschutzstandard als Deutschland verfügt, sind die im **Gastland** herrschenden Arbeitsschutzbedingungen die **Mindestnorm** – zumindest in wichtigen Teilbereichen.

Arbeitgeber müssen auch im Gastland mindestens den **deutschen Arbeitsschutzstandard** garantieren. Ist ein Beschäftigter von einem Gastland aus tätig, das über einen höheren Arbeitsschutzstandard als Deutschland verfügt, sind die im **Gastland** herrschenden Arbeitsschutzbedingungen die **Mindestnorm** – zumindest in wichtigen Teilbereichen.

Denn der Arbeitsschutz dient der sicheren **Gestaltung des Arbeitsplatzes** – wo auch immer er sich befindet. Die **Fürsorgepflicht des Arbeitgebers**, die er gegenüber seinen Beschäftigten hat, verpflichtet ihn zur Einhaltung des Arbeitsschutzes, der im **Arbeitsschutzgesetz** geregelt wird. Daneben existieren verbindliche, auf bestimmte Gefahrenquellen ausgerichtete **Unfallverhütungsvorschriften**, die die Träger der gesetzlichen Unfallversicherungen (meist die Berufsgenossenschaften) festlegen.

Das heißt, Arbeitgeber müssen alle notwendigen **Maßnahmen zum Arbeitsschutz** treffen. Dazu gehören unter anderem: die Gefährdungsbeurteilung (→ *Arbeitsplatzsicherheit durch Gefährdungsbeurteilung und Unterweisung, Seite 127*), die Gestaltung und Organisation der Arbeit, die Bereitstellung der Mittel sowie die Information und Schulung von Mitarbeitenden und Führungskräften. **Verstoßen** Arbeitgeber gegen den Arbeitsschutz, droht ein Bußgeld. Mögliche **Schadenersatzansprüche** reduzieren sich hier aber auf **Sachschäden**, da für Personenschäden immer die gesetzlichen Unfallversicherungen haften. Einzige Ausnahme: Der Arbeitgeber verstößt vorsätzlich gegen den Arbeitsschutz.

Wichtig: Nicht nur der Arbeitgeber muss die Arbeitsschutzvorschriften beachten, sondern auch die Beschäftigten. Bei Verstößen kann der Arbeitgeber – je nach Schwere und Häufigkeit des Verstoßes – den Mitarbeitenden abmahnen oder ihm gar verhaltensbedingt kündigen.

Verstößt ein Arbeitgeber gegen Arbeitsschutzvorschriften, droht jedoch nicht nur ein Bußgeld, Beschäftigte können bei schweren, die Sicherheit beeinträchtigenden Verstößen sogar ihre **Arbeit einstellen**. Das gilt auch, wenn Arbeitgeber oder Vorgesetzte Tätigkeiten verlangen, die gegen den Arbeitsschutz verstoßen.

GESETZLICHE UNFALLVERSICHERUNG

Beschäftigte, die für einen **begrenzten Zeitraum** für ihren Arbeitgeber mobil aus dem Ausland tätig sind, fallen auch weiterhin unter den **Schutz der gesetzlichen Unfallversicherung**. Vorausgesetzt, der Beschäftigte ist bei dem Unternehmen (mit **Hauptsitz Deutschland**) beschäftigt, und die Dauer der Auslandsbeschäftigung ist begrenzt auf **maximal 24 Monate.**

Diese Entsendung gilt für die Europäische Union, den Europäischen Wirtschaftsraum, die Schweiz und das Vereinigte Königreich. In Staaten, die mit Deutschland ein **Sozialversicherungsabkommen** abgeschlossen haben, gelten **länderspezifische Fristen**. So können Beschäftigte beispielsweise in Marokko bis zu 36 Monate bleiben, in Tunesien bis zu 12 Monate, in Mazedonien und Kroatien bis zu 24 Monate.

Wichtig: Besteht kein Versicherungsschutz, weil die Entsendefrist überschritten, der Auslandsaufenthalt unbefristet ist oder es kein Abkommen gibt, kann und sollte eine Auslandsversicherung abgeschlossen werden.

Ein **Betriebsunfall** liegt vor, wenn zwischen Unfall und versicherter Tätigkeit ein sachlicher Zusammenhang besteht. Ob es sich um einen Betriebsunfall oder um einen privaten Unfall handelt, hängt dabei stark vom Einzelfall ab. Relevant ist hier, ob der Beschäftigte bei einer Tätigkeit verunglückte, die er ausgeübt hat, um seinem Job nachzugehen. Das heißt: Nicht der **Unfallort** ist entscheidend, sondern die Frage, ob die Handlung, die zum Unfall führte, in einem engen Zusammenhang mit den beruflichen Aufgaben und somit einer **versicherten Tätigkeit** steht.

Ist der Versicherungsfall eingetreten, können Betroffene über die gesetzliche Unfallversicherung in Deutschland **Leistungen im Gastland** beziehen. Eine ergänzende **private Unfallversicherung** schließt mögliche **Versicherungslücken**.

Hat ein Beschäftigter einen Arbeitsunfall im Ausland, und hat der eine **mehr als drei Tage** andauernde **Arbeitsunfähigkeit** zur Folge, muss der Arbeitgeber den Arbeitsunfall dem **Unfallversicherungsträger melden**. Dabei muss er eine wichtige Frist einhalten: Nachdem er vom Arbeitsunfall erfahren hat, muss er den Unfall innerhalb von **drei Kalendertagen** melden – der Unfalltag selbst zählt nicht dazu. Sind mehr als drei Personen betroffen oder ist gar eine Person tödlich verunglückt, muss die Berufsgenossenschaft **unverzüglich** vom Arbeitgeber informiert werden. Sinnvoll ist daher, wenn Beschäftigte bei Arbeitsunfällen ihre Arbeitgeber **schnellstmöglich** informieren. Sollten sie das nicht können, sollten Angehörige oder Mitreisende das übernehmen.

Wichtig: Damit die Kosten eines Arbeitsunfalls von der Berufsgenossenschaft übernommen werden, muss auch im Ausland vor dem ersten Arbeitseinsatz eine Gefährdungsbeurteilung durch den Arbeitgeber stattgefunden haben!

Und egal, ob schwerwiegende oder kleine Verletzung, der Unfall sollte unbedingt dokumentiert werden (Fotos, Notizen zu Unfallhergang und Zeiten). Gerade bei Spätfolgen kann damit eine Kostenübernahme für Behandlungen durch die Unfallversicherung leichter sein.

GESETZLICHE KRANKENVERSICHERUNG

Bezüglich der **gesetzlichen Krankenversicherung** können Beschäftigte, die **zeitlich begrenzt** mobil aus dem Ausland tätig sind, in Deutschland krankenversichert bleiben. Allerdings kommt die gesetzliche Krankenversicherung nur für die Kosten auf, die diese Behandlung in Deutschland gekostet hätte. Die höhere Differenz muss der Beschäftigte zahlen. Eine ergänzende **Auslandskrankenversicherung** (die im Zweifel auch für einen möglichen Rücktransport aufkommt) ist daher sinnvoll.

ARBEITSPLATZSICHERHEIT DURCH GEFÄHRDUNGSBEURTEILUNG UND UNTERWEISUNG

Je nach Branche, Tätigkeit und Land existieren unterschiedliche potenzielle Gefahren. Die **Gefährdungsbeurteilung** dient dazu, Beschäftigte vor diesen **Gesundheitsrisiken** zu schützen. Eine Begehung bzw. Beurteilung des Arbeitsplatzes ist bei der mobilen Arbeit im Ausland für Arbeitgeber jedoch nicht möglich – obwohl sie für sie **verpflichtend** ist. Daher ist es wichtig, hier die Gefährdungsbeurteilung dafür zu nutzen, um mögliche **Risiken** im Vorfeld auszumachen und so gut es geht auszuschließen.

Wichtig: Arbeitgeber müssen alle Arbeitsschutzvorschriften des jeweiligen Gastlandes beachten. Das heißt aber auch, dass eine Gefährdungsbeurteilung, die ein Unternehmen nach deutschen Standards erstellt hat, in dem einen Land akzeptiert wird, in einem anderen jedoch nicht.

Wie wichtig es ist, dass sich Arbeitgeber an ihre **Pflichten** halten, zeigt auch die **Haftung**: Setzen Arbeitgeber diese Pflicht nicht um, kommt die Berufsgenossenschaft im Falle eines Unfalls nicht für die anfallenden Kosten auf. Dafür muss dann der **Arbeitgeber haften**. Ferner muss er ein **Bußgeld** zahlen, im schlimmsten Fall droht gar eine **Freiheitsstrafe** – das gilt für Arbeitsunfälle innerhalb und außerhalb des Betriebes!

Damit der Arbeitgeber in Deutschland den Arbeitsschutz auch im Ausland sicherstellen kann, sind vor dem mobilen Arbeiten im Ausland eine **Durchführungsplanung**, eine **Gefährdungsbeurteilung** sowie gegebenenfalls eine **Reiseplanung**, eine **medizinische Vorbereitung** (z. B. Impfungen) sowie ein **Notfallplan** wichtig. Zu den für die jeweilige Arbeit üblichen Gefährdungen sollten auch **nationale Besonderheiten** wie beispielsweise unterschiedliche Arbeitsschutzstandards berücksichtigt werden.

Arbeitgeber sollten sich daher rechtzeitig bei dem Unfallversicherungsträger oder einer für den Arbeitsschutz zuständigen staatlichen Stelle des europäischen Gastlandes (zum Beispiel den **Focal Points**) informieren. Die Focal Points werden von den Regierungen als offizielle Vertreter der **EU-OSHA** in den einzelnen Ländern benannt. Sie sind also die beste Anlaufstelle rund um den Arbeitsschutz im europäischen Ausland.

Und weil in Notfällen die Zeit ein wichtiger Faktor ist, ist ein **Notfallplan** unabdingbar für Länder, in denen ein erhöhtes Risiko besteht. Festgelegt werden sollte darin, wie eine schnelle Rettung bzw. Evakuierung des Beschäftigten erfolgen kann, wo es eine geeignete ärztliche Versorgung gibt und wie Kommunikationswege aussehen.

UNTERWEISUNG ZUR ARBEITSSICHERHEIT

Bevor die mobile Arbeit im Ausland aufgenommen werden kann, muss eine **Unterweisung** zur Arbeitssicherheit erfolgen. Denn auch Beschäftigte tragen eine **Mitverantwortung** für die Sicherheit und den Gesundheitsschutz. Um das erfüllen zu können, müssen sie nicht nur ihre **Schutzpflichten** kennen, sie müssen auch entsprechend eingewiesen werden. Das heißt, sie müssen darüber informiert werden, wie der Arbeitsplatz sachgemäß aufgebaut wird, was die richtige Arbeitshaltung ist, wie Geräte richtig verwendet werden und wie Arbeitszeiten befolgt werden müssen – was **digital** erfolgen kann. Aus **Nachweisgründen** sollten sie ihrem Arbeitgeber bestätigen, dass sie ihre Schutzpflichten verstanden haben und auch umsetzen können.

DATENSCHUTZ UND DATENSICHERHEIT

Arbeitgeber sind grundsätzlich verpflichtet, den Datenschutz und die Datensicherheit sicherzustellen, Beschäftigte müssen diese umsetzen – egal, von wo aus sie tätig sind. Dazu gehört, betriebliche sowie personenbezogene Daten vor dem **Zugriff Fremder** zu schützen, weswegen notwendige Vorkehrungen zu treffen sind (→ *1. Kapitel, Datenschutz und Datensicherheit, Seite 53*).

Bei der mobilen Arbeit aus dem Ausland sind Datenschutz und Datensicherheit eine **größere Herausforderung** als bei Homeoffice-Arbeitsplätzen, wo eine Firewall und abschließbare Räume und Büromöbel eine größere Sicherheit bieten als beispielsweise Hotelzimmer, Fahrzeuge, Co-Working-Spaces oder Rucksäcke.

In allen EU-Ländern und den EWR-Ländern gilt ebenfalls die **Datenschutz-Grundverordnung** (DSGVO). Und auch Länder mit **Angemessenheitsbeschluss** verfügen über einen vergleichbaren Datenschutz. Problematisch wird es für Arbeitgeber in Ländern ohne vergleichbaren Datenschutz. Denn sie müssen den **sicheren Datentransfer** (nach Art. 44 ff. DSGVO) gewährleisten können. Ist das nicht der Fall, liegt ein Verstoß gegen die DSGVO vor.

Im Ausland müssen Arbeitgeber daher ein Sicherheitsniveau schaffen, das mit dem im Unternehmen vergleichbar ist. Das heißt, Arbeitsgeräte wie Smartphone, Tablet, PC, Laptop usw. müssen über die **datenschutzrechtlichen Sicherheitsanforderungen** verfügen. Und weil wichtige **Kontrollmaßnahmen** auf privaten Geräten stark eingeschränkt sind, sollten Arbeitgeber grundsätzlich notwendige Arbeitsgeräte zur Verfügung stellen.

INFORMATIONEN UND DATEN

Das sichere **Sammeln, Speichern, Versenden** und **Vernichten** von Informationen und Daten ist für mobil arbeitende Beschäftigte eine Herausforderung. Arbeitgeber sollten deshalb vorab regeln, welche Informationen (in Papierform und in

IT-Systemen) außerhalb des Unternehmens transportiert, bearbeitet und vernichtet werden dürfen. Auch sollten sie gewährleisten, dass die Kommunikationswege sicher sind. Dazu gehört, dass Beschäftigte den **Austausch** vertraulicher Informationen in **öffentlichen Räumen** vermeiden sollten, und vertrauliche Informationen unterwegs sicher **vernichten**. Ist das nicht möglich, müssen diese an den Arbeitgeber gehen, wo sie sicher entsorgt werden können.

TECHNISCHES EQUIPMENT

Um vor dem unbefugten Zugriff Dritter geschützt zu sein, sollte das **technische Equipment** grundsätzlich sicher konfiguriert sowie mit Sichtschutzfolien ausgestattet sein. Ferner sollten Beschäftigte auch beim kurzzeitigen Verlassen von mobilen Arbeitsplätzen das technische Equipment und alle Arbeitsmaterialien nicht nur **sperren** und **wegräumen**, sondern am besten **mitnehmen**. Und sie sollten für einen sicheren **Transport** sorgen, damit Geräte und Unterlagen vor Stürzen, Unfällen, Wasser, Hitze usw. geschützt sind.

Um bei Schäden oder Verlust keine Daten zu verlieren, ist es ratsam, das lokale Abspeichern zu vermeiden. Ferner sollten alle mobilen Geräte **verschlüsselt** sein. Dazu gehört auch, dass das Einwählen in die IT-Infrastruktur des Arbeitsgebers nur über eine **VPN-Verbindung** erfolgt. Und weil fremde IT-Systeme und -Netze eine zusätzliche Gefahrenquelle darstellen, sollten Beschäftigte sich vor deren Nutzung grundsätzlich mit der IT ihres Arbeitsgebers in Verbindung setzen, um klären zu können, ob die notwendige Sicherheit gewährleistet ist.

Den **Verlust** von Daten und Geräten sollten Beschäftigte unverzüglich melden. Nur so können Unternehmen zeitnah mit Maßnahmen wie das Ändern von Passwörtern oder das Sperren von Zugängen reagieren. Hilfreich ist, wenn dabei klare **Meldewege** und **Ansprechpartner** im Unternehmen existieren und bekannt sind.

Wichtig: Arbeitgeber sollten alle relevanten Sicherheitsmaßnahmen in einer verpflichtenden Sicherheitsrichtlinie dokumentieren und ihren Beschäftigten zur verpflichtenden Umsetzung übergeben. Denn nur wer weiß, wo welche Gefahren lauern können und wie man diese so gut wie möglich vermeiden kann, kann sich auch entsprechend schützen.

5

ZU GUTER LETZT: OPEN SPACE OFFICE IM UNTERNEHMEN

WICHTIGE BEGRIFFE ZUM DESKSHARING

Als **Open Space Office** wird ein großer, offener Raum bezeichnet, in dem sich Arbeitsplätze und Bereiche für das gemeinsame Arbeiten und den Austausch befinden. Als **Homebase** wird dabei eine festgelegte Fläche innerhalb der Bürofläche bezeichnet, die einer konkreter Abteilung bzw. einem Team fest zugeordnet ist (→ *Praxisbeispiel OTTO, Seite 136*). Beschäftigte können allerdings auch abteilungsübergreifend die Schreibtische nutzen (→ *Praxisbeispiel AXA, Seite 137*).

Ohne eine **Clean Desk Policy** funktioniert das **Desksharing** nicht. Die nämlich verlangt, dass Beschäftigte nach Arbeitsende den Schreibtisch leer hinterlassen müssen. Dementsprechend müssen zum Feierabend alle Unterlagen und persönlichen Dinge in fahr- und abschließbaren Rollcontainern (sogenannten **Caddys**), abschließbaren Schränken oder einem **Schließfach** verwahrt werden.

Meist gibt es beim Desksharing insgesamt weniger Schreibtische als Beschäftigte. Die **Desksharing-Quote** gibt dabei an, wie viele Arbeitsplätze in Relation zu Beschäftigten im Betrieb zur Verfügung stehen.

DEFINITION ARBEITSORT

WICHTIGES AUF EINEN BLICK

Arbeitgeber dürfen aufgrund des Direktionsrechts den Arbeitsort innerhalb des Betriebs in ein Open Space Office mit Desksharing, also offenen und flexiblen Arbeitsmöglichkeiten, verändern.

Immer mehr Arbeitgeber **verändern** innerhalb ihres Unternehmens den *Arbeitsort*. Aus den individuellen Arbeitsplätzen (wie z. B. Einzelbüros) wird ein **Open Space Office** mit offenen und flexiblen Arbeitsmöglichkeiten.

Und das dürfen Arbeitgeber auch, denn das **Direktionsrecht** (§ 106 GewO) erlaubt es ihnen. Dort nämlich heißt es: „Der Arbeitgeber kann Inhalt, Ort und Zeit der Arbeitsleistung nach billigem Ermessen näher bestimmen, soweit diese Arbeitsbedingungen nicht durch den Arbeitsvertrag, Bestimmungen einer Betriebsvereinbarung, eines anwendbaren Tarifvertrages oder gesetzliche Vorschriften festgelegt sind.“ Ohne Beteiligung eines existierenden **Betriebsrats** darf die Maßnahme jedoch nicht umgesetzt werden, der nämlich hat hier ein **Mitbestimmungsrecht** (→ *Mitwirkungs- und Mitbestimmungsrechte des Betriebsrates, Seite 142*).

Ein **Open Space Office** ist im Grunde ein **Großraumbüro**: Die Fläche ist in verschiedene Zonen (für das Arbeiten, für den Austausch, für Meetings, für ungestörte Telefonate usw.) eingeteilt. Zum Arbeiten stehen auf dieser **offenen Bürofläche** Schreibtische zur Verfügung, zum Austausch gibt es Besprechungsecken, Meetings finden in kleinen Räumen statt, für ungestörte Telefonate stehen Kabinen zur Verfügung usw.

Dabei kann sich der Arbeitsplatz innerhalb einer **fest definierten Fläche** befinden, wobei innerhalb dieses Bereiches keine feste Arbeitsplatzzuordnung existiert. So zum Beispiel macht es der Handelskonzern OTTO. Oder der Arbeitgeber praktiziert das **Desksharing**: Beschäftigte suchen sich täglich innerhalb des Betriebs einen neuen Arbeitsplatz (z. B. AXA). Das heißt, Mitarbeitende haben keinen fest zugeordneten Arbeitsplatz, sondern suchen sich täglich einen verfügbaren Schreibtisch. Damit hier kein Kampf um die besten Plätze entbrennt, sollten Unternehmen mittels Buchungstool o. ä. die Schreibtischreservierung ermöglichen. Das ist vor allem wichtig, wenn es insgesamt weniger Schreibtische als Beschäftigte gibt (→ *Mitwirkungs- und Mitbestimmungsrechte des Betriebsrates, Seite 142*).

SO MACHEN ES DIE UNTERNEHMEN:

OTTO

Seit über 20 Jahren ist für Beschäftigte des Handelskonzerns OTTO die Arbeit im Homeoffice gang und gäbe: Jeder kann frei entscheiden, ob er zur Arbeit ins Unternehmen kommt oder zu Hause bleibt. Dennoch strukturierte der Konzern seine Arbeitswelt neu und startete dafür im Dezember 2017 die Initiative „Future Work“. Im Laufe der nächsten Jahre werden alle Großraumflächen neu gestaltet: Abteilungen sitzen dabei zwar noch zusammen in einem Bereich (der Homebase), innerhalb dieser Homebase gibt es aber keine festen Arbeitsplätze mehr. Dafür holt jeder Mitarbeiter vor Arbeitsbeginn sein persönliches Arbeitsequipment, bestehend aus Laptop, Tastatur, Maus sowie Telefon-Headset, aus dem Schließfach und sucht sich seinen Platz.

Auch stehen OTTO-Beschäftigten viele verschiedene Rückzugsbereiche zur Verfügung: Kabinen für ruhiges Arbeiten, Telefonzellen für vertrauliche Gespräche, Cafés für Besprechungen, Räume zur Erholung oder für aktive Pausen mit Tischtennisplatten u. ä. sowie immer wieder abgetrennte Ecke mit funktionalen Möbeln.

Und in dem eigenen Co-Working-Space „Collabor8“ haben auf 1 700 Quadratmetern rund 200 Mitarbeiter an flexiblen Tischen, in Sofaecken, im Stillarbeitsbereich oder in der Arena Platz zum Arbeiten.

SO MACHEN ES DIE UNTERNEHMEN:

AXA

Der Versicherungskonzern AXA startete im August 2017 in Hamburg das neue Arbeitsplatzkonzept „New Way of Working" – mit gravierenden Veränderungen für die Belegschaft. Denn ob Azubi oder Vorstand, niemand hat mehr einen festen Arbeitsplatz. Das heißt, jeder entscheidet selbst, wo er am besten arbeiten kann.

Dabei sind die Arbeitsplätze mit einem 34-Zoll-Curved-Monitor ausgestattet. Individuell verfügt jeder Mitarbeitende über einen Laptop, eine Tastatur, ein Telefon-Headset sowie eine Maus. Aufbewahrt wird das Equipment nach der Arbeit in Boxen, die in Schließfächer verstaut werden.

Neben den Arbeitsplätzen können alle Beschäftigten die Bibliotheksflächen für ruhiges Arbeiten sowie die verschiedenen Kommunikationsflächen für Besprechungen nutzen. Zur Erholung stehen den Mitarbeitenden Räume ohne jegliche Art von Technik zur Verfügung. Billardtisch, Kicker und Basketballfeld können für aktive Pausen genutzt werden.

ARBEITSPLATZ UND ARBEITSPLATZAUSSTATTUNG:

WICHTIGES AUF EINEN BLICK

Gestalten Unternehmen den Arbeitsort innerhalb des Betriebs in ein Open Space Office mit Desksharing um, müssen sie für ausreichend Büro- und Bewegungsfläche pro Mitarbeiter sorgen.

TECHNISCHE REGEL FÜR ARBEITSSTÄTTEN (ASR) UND ARBEITSSTÄTTENVERORDNUNG (ARBSTÄTTV)

Wollen Arbeitgeber ihre Bürofläche in ein **Open Space Office** verwandeln, müssen sie für ausreichend **Bürofläche pro Mitarbeiter** sorgen. Die Technische Regel für Arbeitsstätten (ASR) konkretisiert die Anforderungen der Arbeitsstättenverordnung (ArbStättV). Wie groß die Bürofläche pro Mitarbeiter laut ArbStättV mindestens sein muss, steht dabei in der ASR A1.2 Raumabmessungen und Bewegungsflächen.

Unter **Großraumbüro** versteht die ASR eine organisatorische und räumliche Zusammenfassung von Büro- und Bildschirmarbeitsplätzen auf einer Fläche von mindestens 400 Quadratmetern (Ziffer 3.10). Die Grundflächen von Arbeitsräumen werden dabei unter Punkt 5 ff. geregelt. Konkret heißt das, dass **Bewegungs-**

flächen mindestens über 1,50 Meter Tiefe und Breite am oder neben dem Arbeitsplatz verfügen müssen. Bei einer **stehenden oder sitzenden Tätigkeit** reduziert sich die Richtlinie auf einen Meter Tiefe und Breite.

Dabei ist wichtig, dass sich die Bewegungsflächen nicht mit den Bewegungsflächen anderer Arbeitsplätze, mit den **Flächen für Verkehrswege** (und zwar einschließlich der **Fluchtwege** und den **Gängen** zu anderen Arbeitsplätzen sowie Gängen zu gelegentlich genutzten Betriebseinrichtungen), mit den **Stell- und Funktionsflächen** für Arbeitsmittel, Einrichtungen und Einbauten und mit den Flächen für **Sicherheitsabstände** überlagern.

Die **Mindestgrundfläche** für einen Büro- und Bildschirmarbeitsplatz (einschließlich der Möbel und anteiliger Verkehrsfläche) sollte laut ASR in einem Großraumbüro **12 bis 15 Quadratmeter** je Arbeitsplatz betragen.

Und auch bei der **Höhe von Arbeitsräumen** macht die ASR Vorgaben. So sollte ein Großraumbüro mindestens eine Höhe von 3 Metern vorweisen können. Bei einem Großraumbüro von mehr als 2 000 Quadratmetern sollte die Höhe mindestens 3,25 Meter betragen.

Halten Arbeitgeber sich nicht an diese Vorgaben, kann ihnen ein **Bußgeld** oder im schlimmsten Fall der **Entzug der Gewerbeerlaubnis** drohen. Zuständig für das Überprüfen der Auflagen sind die staatlichen Arbeitsschutzbehörden. Je nach Bundesland sind es die Gewerbeaufsichtsämter oder die Ämter für Arbeitsschutz.

Existiert im Betrieb ein **Betriebsrat**, ist dieser dazu verpflichtet, das Einhalten solcher Vorgaben zu gewährleisten. Im Falle eines Verstoßes muss dieser den **Verstoß** der staatlichen Arbeitsschutzbehörde **melden.**

MOBILIAR UND ERGONOMIE

Beim **Desksharing** fällt der persönliche Arbeitsplatz weg. Dementsprechend steht Beschäftigten im Betrieb **kein eigenes Mobiliar** zur Verfügung. Dennoch müssen auch Desksharing-Arbeitsplätze die gleichen **Bestimmungen erfüllen** wie fest zugeordnete Bildschirmarbeitsplätze.

Wer eine überwiegend sitzende Tätigkeit hat, ist auf Büromöbel, die die **ergonomischen Anforderungen** erfüllen, angewiesen. Das heißt, je nach Körpergröße werden die Büromöbel wie Schreibtischstuhl und Schreibtisch individuell in Sitzhöhe und -tiefe eingestellt. Während das an fest zugewiesenen Arbeitsplätzen in der Regel einmal richtig eingestellt wird, müssen beim Desksharing, wo Beschäftigte jeden Tag an einem anderen Platz sitzen, die Büromöbel täglich für jeden Nutzer neu eingestellt werden. Um mögliche Fehleinstellungen zu vermeiden, müssen Beschäftigte fähig sein, die Büromöbel selbst einstellen zu können. Die dafür notwendige Unterweisung ist deshalb unerlässlich.

Ergonomische Anforderungen bei der Bildschirmarbeit:

- Die Bewegungsfläche am Arbeitsplatz muss mindestens einen Meter breit und tief sein.
- Der Schreibtisch muss mindestens über eine Arbeitsfläche von 160 cm × 80 cm verfügen.
- Die Schreibtischhöhe sollte mindestens 74 (± 2) cm betragen und vollständig höhenverstellbar sein.
- Der Schreibtischstuhl muss über eine neigbare und höhenverstellbare Rückenlehne verfügen.
- Der Bildschirm sollte so platziert sein, dass sich die Oberkante auf Höhe der Augen befindet. Ferner sollte ein ausreichender Abstand (von 45 bis 80 cm) zwischen Augen und Bildschirm eingehalten werden. →

- Schreibtisch und -stuhl sollten an die Körpergröße des Beschäftigten angepasst sein, um eine ungesunde Körperhaltung zu vermeiden.
- Die Beleuchtung muss ausreichend (Beleuchtungsstärke von 500 Lux bis 750 Lux), die Arbeit an Sonnentagen blendfrei möglich sein. Wenn notwendig, muss ein Sonnenschutz vorhanden sein. Bildschirm und Schreibtisch sollten grundsätzlich seitlich zum Fenster platziert werden, um Spiegelungen und Blendungen zu vermeiden.
- Der Lärmpegel sollte zwischen 55 dB(A) – 70 dB(A) liegen.

Weil viele Arbeitgeber durch das Desksharing auch die Anzahl der **Arbeitsplätze reduziert** haben, es also mehr Mitarbeitende als zur Verfügung gestellte Arbeitsplätze gibt, müssen sich Beschäftige abstimmen sowie die **Clean Desk Policy** einhalten (→ *Mitwirkungs- und Mitbestimmungsrechte des Betriebsrates, Seite 142*).

HARD- UND SOFTWARE

Damit jeder Mitarbeitende auch von jedem Schreibtisch auf seine **Daten zugreifen** kann, müssen Arbeitgeber für die notwendige Infrastruktur sorgen. Bewährt haben sich hier eine **Cloud** oder ein **Server**, denn so kann jeder Beschäftigte mit seinem Laptop auf seine Daten zugreifen.

MITWIRKUNGS- UND MITBESTIMMUNGSRECHTE DES BETRIEBSRATES

WICHTIGES AUF EINEN BLICK

Die Einführung von Desksharing hat für Beschäftigte umfangreiche Veränderungen zur Folge. Existiert ein Betriebsrat im Unternehmen, ist dieser mitbestimmungspflichtig und muss dementsprechend bei der Planung und Umsetzung einbezogen werden.

Existiert im Unternehmen ein Betriebsrat, können Arbeitgeber das **Desksharing** nicht ohne die Beteiligung des **Betriebsrats** einführen. Denn das Desksharing hat Veränderungen zur Folge, die mitbestimmungspflichtig sind. So kann der **Wechsel** von einem Einzelbüro oder einem zugewiesenen Schreibtisch im Großraumbüro hin zum Open Space Office mit Desksharing einer **Versetzung** gleichkommen. Nämlich dann, wenn die Art und Weise sowie der Umfang der Tätigkeit stark verändert wird.

Die Einführung von **Desksharing** kann eine mitbestimmungspflichtige **Betriebsänderung** darstellen (§ 111 BetrVG). Das ist der Fall, wenn das neue Bürokonzept einen **umfangreichen Umbau** der Büroräume erforderlich macht. Denn dann liegt eine grundlegende Änderung der Betriebsanlage vor (§ 111 Satz 3 Nr. 4 BetrVG).

Suchen Beschäftigte täglich nach einem freien Schreibtisch, kann das eine grundlegende **neue Arbeitsmethode** darstellen (§ 111 Satz 3 Nr. 5 BetrVG). Dann muss der Betriebsrat dem nicht nur zustimmen, erforderlich kann dann auch ein **Sozialplan** sowie ein **Interessenausgleich** sein.

Ordnet der Arbeitgeber bezüglich der **Clean Desk Policy** beispielsweise an, dass Beschäftigte keine persönlichen Gegenstände zum Arbeitsplatz mitbringen dürfen, greift dieses Verbot in das **Ordnungsverhalten** der Mitarbeitenden ein und ist somit **mitbestimmungspflichtig** (§ 87 Abs. 1 Nr. 1 BetrVG bzw. § 80 Abs. 1 Nr. 18 BPersVG). Ordnet der Arbeitgeber das einseitig an, also ohne den Betriebsrat einzubeziehen, kann der Betriebsrat hier einen **Unterlassungsanspruch** geltend machen. Nicht mitbestimmungspflichtig sind hingegen Anordnungen von Arbeitgebern, die das **Arbeitsverhalten** betreffen. Ordnet er zum Beispiel an, zum Feierabend den Schreibtisch aufgeräumt zu verlassen, oder weist er seinen Beschäftigten Arbeitsmittel zu, ist der Betriebsrat nicht mitbestimmungspflichtig.

Gibt es mehr Beschäftigte als Schreibtische, ist ein **Buchungssystem** sinnvoll. Das Prinzip „first come, first served“ kann funktionieren, kann aber auch in einem Kampf um freie Arbeitsplätze münden. Eine **Buchungssoftware** kann hier Abhilfe schaffen, da Beschäftigte damit einen Arbeitsplatz an einem bestimmten Tag reservieren können. Dann aber ist der Betriebsrat – sofern vorhanden – mitbestimmungspflichtig (gem. § 87 Abs. 1 Nr. 6 BetrVG bzw. § 80 Abs. 1 Nr. 21 BPersVG), da Arbeitgeber mit dem Buchungssystem auch das **Verhalten** von Beschäftigten **überwachen** können. Und eine solche Maßnahme ist laut Bundesarbeitsgericht mitbestimmungspflichtig (BAG-Urteil, Az. 1 ABR 75/83).

SICHERHEIT: WAS IST WICHTIG?

WICHTIGES AUF EINEN BLICK

Die Sicherheit am Arbeitsplatz zu gewährleisten, gehört zu den wichtigsten Aufgaben von Arbeitgebern. Bei baulichen oder räumlichen Änderungen von Arbeitsplätzen müssen Arbeitgeber daher grundsätzlich den Arbeits- und Gesundheitsschutz beachten. Wer das zu lax nimmt, bekommt Probleme mit seinem Betriebsrat (sofern vorhanden) und der Berufsgenossenschaft.

ARBEITSSCHUTZ

Der Arbeitsschutz dient der sicheren **Gestaltung des Arbeitsplatzes** – wo auch immer er sich befindet. Die **Fürsorgepflicht des Arbeitgebers**, die er gegenüber seinen Beschäftigten hat, verpflichtet ihn zur Einhaltung des Arbeitsschutzes.

Was konkret der Arbeitsschutz ist, hat der Gesetzgeber unter anderem im **Arbeitsschutzgesetz** (ArbSchG) und in der **Arbeitsstättenverordnung** (ArbStättV) verankert. Daneben gibt es noch verbindliche, auf bestimmte Gefahrenquellen ausgerichtete **Unfallverhütungsvorschriften**, die von den gesetzlichen Unfallversicherungen – meist den Berufsgenossenschaften – festgelegt werden.

Das heißt, Arbeitgeber müssen auch im **Open Space Office** alle **notwendigen Maßnahmen** zum Arbeitsschutz treffen, einschließlich der Gefährdungsbeurteilung, der Gestaltung der Arbeit, der notwendigen Organisation, der Bereitstellung der Mittel sowie der Information und Schulung von Beschäftigten und Führungskräften.

Verstößt ein Arbeitgeber gegen den Arbeitsschutz, drohen **Bußgelder** im Rahmen eines **Ordnungswidrigkeitenverfahrens.** Eventuelle **Schadenersatzansprüche** reduzieren sich allerdings auf **Sachschäden**, da für Personenschäden immer die gesetzlichen Unfallversicherungen eintreten. Einzige Ausnahme: Der Arbeitgeber verstößt vorsätzlich gegen den Arbeitsschutz.

Selbstverständlich muss nicht nur der Arbeitgeber die **Arbeitsschutzvorschriften** beachten, sondern auch die **Beschäftigten**. Wer sich nicht daran hält, kann vom Arbeitgeber – je nach Schwere und Häufigkeit des Verstoßes – **abgemahnt** oder gar verhaltensbedingt **gekündigt** werden.

Verstößt der Arbeitgeber gegen Arbeitsschutzvorschriften, können seine Mitarbeiter bei schweren, die Sicherheit beeinträchtigenden Verstößen ihre **Arbeit einstellen**. Das gilt auch, wenn Arbeitgeber oder Vorgesetzte Tätigkeiten verlangen, die gegen den Arbeitsschutz verstoßen.

Bei allen Fragen des Arbeitsschutzes ist ein existierender **Betriebsrat** zu **beteiligen**. Neben Informations- und Beratungsrechten hat er bei allgemeingültigen Regelungen zur Verhütung von Arbeitsunfällen und Berufskrankheiten sowie zum Gesundheitsschutz ein Mitbestimmungsrecht.

INFEKTIONSSCHUTZ

Der regelmäßige **Nutzerwechsel** an einem Arbeitsplatz führt zu einem nicht zu unterschätzenden **Hygieneproblem.** Und weil Beschäftigte einen Anspruch auf Einhaltung der **Hygienestandards** haben, steigt dieser Anspruch mit dem häufigen Nutzerwechsel (§ 4 Abs. 2 ArbStättV). Ein **verbindliches Hygienekonzept** ist daher sinnvoll. Die Einführung eines solchen Konzepts ist dabei mitbestimmungspflichtig, wenn es sich um Regelungen handelt, die den Gesundheitsschutz betreffen (nach § 87 Abs. 1 Nr. 7 BetrVG bzw. § 80 Abs. 1 Nr. 16 BPersVG).

Unternehmen können beim **Desksharing** einerseits die **Reinigung** durch externe Dienstleister **erhöhen**. Andererseits sollte jeder Arbeitsplatz über ausreichend **Desinfektionsmittel** verfügen, damit Mitarbeitende zu Beginn und zum Ende des Arbeitstages auch selbst Tisch und Arbeitsmittel desinfizieren können.

Während fest installierte Monitore von allen gemeinsam genutzt werden, sollte auch aus Hygienegründen jeder Beschäftigte **Arbeitsmittel** wie Laptop, Tastatur, Maus und Headset **individuell** erhalten. Die nämlich können am Ende des Arbeitstages in verschließbaren Rollcontainern, abschließbaren Schränken oder Schließfächern verstaut oder mit ins Homeoffice genommen werden.

ARBEITSPLATZSICHERHEIT DURCH GEFÄHRDUNGSBEURTEILUNG UND UNTERWEISUNG

Wird **Desksharing** eingeführt, bedeutet das eine **grundlegende Veränderung** des ursprünglichen Arbeitsplatzes. Arbeitgeber müssen deshalb eine Gefährdungsbeurteilung (nach § 5 ArbSchG) durchführen, die prüft, ob das neue Raumkonzept Gefährdungen aufweist.

Solche Gefährdungen können beispielsweise eine **Einschränkung der Bewegungsfreiheit** sein, eine **erhöhte Lautstärke** durch offene Flächen oder die Herausforderung, die **ergonomischen Anforderungen** der verschiedenen Beschäftigten erfüllen zu müssen.

DATENSCHUTZ UND DATENSICHERHEIT

Die **Clean Desk Policy** sorgt für aufgeräumte Schreibtische, was auch dem Datenschutz zugutekommt. Denn damit gehören sich auf dem Schreibtisch stapelnde sensible **Dokumente** der Vergangenheit an.

Unternehmen, die ihre innovativen Ideen oder ihre Forschungsergebnisse schützen wollen, haben in der Regel in ihren **Arbeitsverträgen** entsprechende Richtlinien, die Beschäftigten den sorgfältigen **Umgang mit sensiblen Daten und Dokumenten** vorschreiben.

Und auch wenn die **Datenschutzgrundverordnung** (DSGVO) eine Clean Desk Policy explizit nicht erwähnt, räumt die DSGVO personenbezogenen Daten doch einen besonderen Stellenwert ein.

Unternehmen sind daher gut beraten, wenn ihre Clean Desk Policy folgende Punkte enthält:

- Sensible Dokumente nur im Bedarfsfall aus dem abschließbaren Rollcontainern, dem abschließbaren Schrank oder Schließfach mit zum Schreibtisch nehmen. Ferner sollten sie nach dem Gebrauch sofort wieder verschlossen aufbewahrt werden.
- Kopien von sensiblen Dokumenten sollten nur gemacht werden, wenn diese auch notwendig sind.
- Elektronische sind analogen Dokumenten vorzuziehen.
- Nicht mehr benötigte Papiere und Kopien müssen per Aktenvernichter entsorgt werden.
- Beim Verlassen des Arbeitsplatzes (z. B. Toilettengang, Mittagspause, Besprechung usw.) müssen sensible Dokumente grundsätzlich sicher verwahrt werden. →

- Der Schreibtisch muss am Ende des Arbeitstages vollständig abgeräumt, die individuellen Arbeitsutensilien müssen sicher verwahrt werden.
- Die Clean Desk Policy sollte auch Whiteboards, Flipcharts usw. berücksichtigen. Das heißt, was nicht mehr gebraucht wird, sollte auch abgewischt, verwahrt oder entsorgt werden.

Um das umsetzen zu können, müssen Arbeitgeber eine **Infrastruktur schaffen**, die es den Beschäftigten erleichtert, den Datenschutz einzuhalten. Das heißt, Aktenvernichter, abschließbare Rollcontainer und Schränke sowie Schließfächer sollten ausreichend zur Verfügung stehen.

EINE INITIATIVE FÜR DIE NEUE ARBEITSWELT

DIE INITIATIVE ...

... informiert.

... klärt auf.

... inspiriert.

... motiviert.

... stärkt.

... kommuniziert.

... vernetzt.

wirsindderwandel.de